中华传统食材丛书

总主编 魏兆军 陈寿宏

蔬菜卷

主 编 周守标 田胜尼

编 委 李晓丽 张圆圆 魏兆军

合肥工业大学出版社

图书在版编目（CIP）数据

中华传统食材丛书. 蔬菜卷 / 周守标，田胜尼主编. —合肥：合肥工业大学出版社，2022.8

ISBN 978-7-5650-5114-2

Ⅰ. ①中…　Ⅱ. ①周…　②田…　Ⅲ. ①烹饪—原料—介绍—中国　Ⅳ. ①TS972.111

中国版本图书馆CIP数据核字（2022）第157799号

中华传统食材丛书·蔬菜卷

ZHONGHUA CHUANTONG SHICAI CONGSHU SHUCAI JUAN

周守标　田胜尼　主编

项目负责人	王　磊　陆向军
责任编辑	王　丹
责任印制	程玉平　张　芹
出　　版	合肥工业大学出版社
地　　址	（230009）合肥市屯溪路193号
网　　址	www.hfutpress.com.cn
电　　话	基础与职业教育出版中心：0551-62903120 营销与储运管理中心：0551-62903198
开　　本	710毫米×1010毫米　1/16
印　　张	16.25　　字　数　226千字
版　　次	2022年8月第1版
印　　次	2022年8月第1次印刷
印　　刷	安徽联众印刷有限公司
发　　行	全国新华书店
书　　号	ISBN 978-7-5650-5114-2
定　　价	145.00元

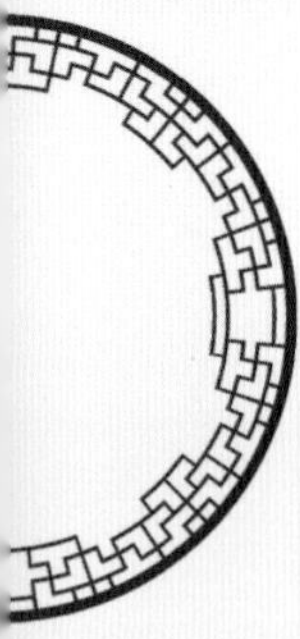

如果有影响阅读的印装质量问题，请与出版社营销与储运管理中心联系调换。

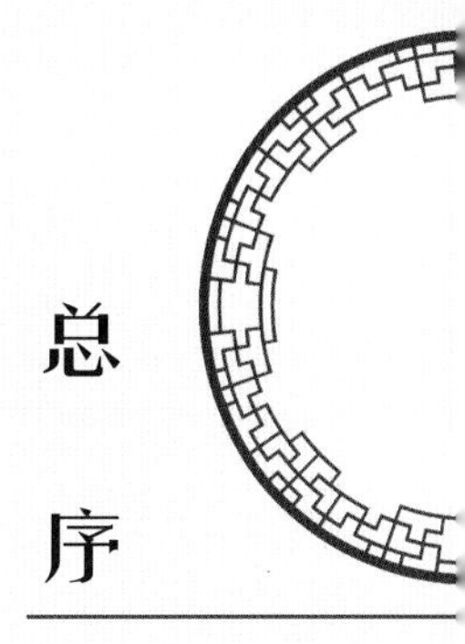

总序

健康是促进人类全面发展的必然要求，《“健康中国2030”规划纲要》中提出，实现国民健康长寿，是国家富强、民族振兴的重要标志，也是全国各族人民的共同愿望。世界卫生组织（WHO）评估表明膳食营养因素对健康的作用大于医疗因素。“民以食为天”，当前，为了满足人民日益增长的美好生活的需求，对食品的美味、营养、健康、方便提出了更高的要求。

中国传统饮食文化博大精深。从上古时期的充饥果腹，到如今的五味调和；从简单的填塞入口，到复杂的品味尝鲜；从简陋的捧土为皿，到精美的餐具食器；从烟火街巷的夜市小吃，到钟鸣鼎食的珍馐奇馔；从“下火上水即为烹饪”，到“拌、腌、卤、炒、熘、烧、焖、蒸、烤、煎、炸、炖、煮、煲、烩”十五种技法以及“鲁、川、粤、徽、浙、闽、苏、湘”八大菜系的选材、配方和技艺，在浩渺的时空中穿梭、演变、再生，形成了绵长而丰富的中华传统饮食文化。中华传统食品既要传承又要创新，在传承的基础上创新，在创新的基础上发展，实现未来食品的多元化和可持续发展。

中华传统饮食文化体现了“大食物观”的核心——食材多元化，肉、蛋、禽、奶、鱼、菜、果、菌、茶等是食物；酒也是食物。中国人讲究“靠山吃山、靠海吃海”，这不仅是一种因地制宜的变通，更是顺应自然的中国式生存之道。中华大地幅员辽阔、地大物博，拥有世界上最多样的地理环境，高原、山林、湖泊、海岸，这种巨大的地理跨度形成了丰富的物种库，潜在食物资源位居世界前列。

“中华传统食材丛书”定位科普性，注重中华传统食材的科学性和文化性。丛书共分为30卷，分别为《药食同源卷》《主粮卷》《杂粮卷》《油脂卷》《蔬菜卷》《野菜卷（上册）》《野菜卷（下册）》《瓜茄卷》《豆荚芽菜卷》《籽实卷》《热带水果卷》《温寒带水果卷》《野果卷》《干坚果卷》《菌藻卷》《参草卷》《滋补卷》《花卉卷》《蛋乳卷》《海洋鱼卷》《淡水鱼卷》《虾蟹卷》《软体动物卷》《昆虫卷》《家禽卷》《家畜卷》《茶叶卷》《酒品卷》《调味品卷》《传统食品添加剂卷》。丛书共收录了食材类目944种，历代食材相关诗歌、谚语、民谣900多首，传说故事或延伸阅读900余则，相关图片近3000幅。丛书的编者团队汇聚了来自食品科学、营养学、中药学、动物学、植物学、农学、文学等多个学科的学者专家。每种食材从物种本源、营养及成分、食材功能、烹饪与加工、食用注意、传说故事或延伸阅读等诸多方面进行介绍。编者团队耗时多年，参阅大量经、史、医书、药典、农书、文学作品等，记录了大量尚未见经传、流散于民间的诗歌、谚语、歌谣、楹联、传说故事等。丛书在文献资料整理、文化创作等方面具有高度的创新性、思想性和学术性，并具有重要的社会价值、文化价值、科学价

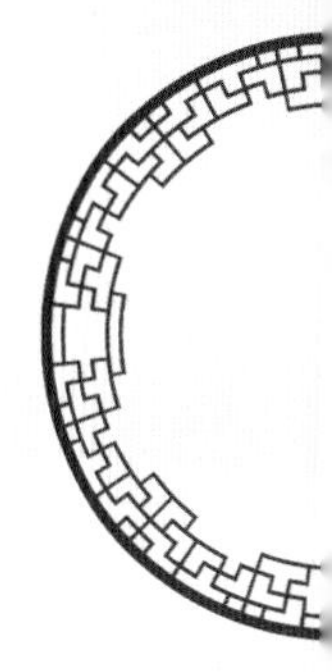

值和出版价值。

对中华传统食材的传承和创新是该丛书的重要特点。一方面，丛书对中国传统食材及文化进行了系统、全面、细致的收集、总结和宣传；另一方面，在传承的基础上，注重食材的营养、加工等方面的科学知识的宣传。相信“中华传统食材丛书”的出版发行，将对实现“健康中国”的战略目标具有重要的推动作用；为实现“大食物观”的多元化食材和扩展食物来源提供参考；同时，也必将进一步坚定中华民族的文化自信，推动社会主义文化的繁荣兴盛。

人间烟火气，最抚凡人心。开卷有益，让米面粮油、畜禽肉蛋、陆海水产、蔬菜瓜果、花卉菌藻携豆乳、茶酒醋调等中华传统食材一起来保障人民的健康！

中国工程院院士

2022年8月

序

蔬菜在中国人的饮食中占有重要地位，人称“蔬亚于谷”，其在中国栽培已有数千年历史。在长期的培育与筛选中，蔬菜演化出多种多样的亚种、变种、变型品种，形成了世人瞩目的蔬菜种质资源，是人类日常生活的必需品。自丝绸之路开辟以来，域外一些蔬菜源源不断传入中国，到了唐代，蔬菜种类更加多样化。唐代根据食用蔬菜部位，将蔬菜分为食根类、食叶类、食茎类、食果类、食用菌类五种。

依据现代农业生物学分类，蔬菜包括：(1) 根菜类，以肥大的肉质直根为食用产品，如萝卜、胡萝卜。(2) 白菜类，以十字花科芸薹属白菜类的叶及其变态器官或嫩茎及花序为食用产品，如白菜、青菜、乌塌菜、紫菜薹。(3) 甘蓝类，以十字花科芸薹属甘蓝类的叶及其变态器官、茎和花的变态器官或嫩茎叶为食用产品，如结球甘蓝、花椰菜、抱子甘蓝、羽衣甘蓝、皱叶甘蓝、西兰花。(4) 芥菜类，以十字花科芸薹属芥菜类的叶、茎及其变态器官或嫩茎为食用产品，如叶用芥菜、茎用芥菜、芽用芥菜、薹用芥菜。(5) 绿叶菜类，以幼嫩的叶片、叶柄或嫩茎为食用产品，如芹菜、莜麦菜、茼蒿、苋菜、空心菜、木耳菜。(6) 茄果类，以热带茄科浆果为食用产品，如茄子、番茄、辣椒。(7) 瓜类，以热带的葫芦科瓠果为食用产品，如黄瓜、冬瓜、南瓜、丝瓜、苦瓜、菜瓜。(8) 葱蒜类，以葱属植物为食用产品，如洋葱、大葱、大蒜、韭菜。(9) 豆类，以豆科幼嫩豆荚和籽粒为食用产品，如豇豆、四季豆、刀豆、扁豆。(10) 薯芋类，以地下根及地下茎为食用产品，如芋头。(11) 水生蔬菜类，其为生长在水环境中的一类蔬菜，如莲藕、茭白、慈菇、荸荠、菱角、水芹。(12) 多年生菜类，以温带南部多年生植物为食用产品，如竹笋、芦笋。(13) 食用菌类，以大型真菌为食用产品，如蘑菇、草菇、香菇、木耳。(14) 其他蔬菜类，未包括到以上种类中的蔬菜，如黄秋葵。

由于茄果类、瓜类和食用菌类的全部种类以及豆类、葱蒜类、薯芋类的绝大部分种类在"中华传统食材丛书"中列有专卷，因此不在本卷选择条目之列。本卷筛选了40个蔬菜条目为重点编写任务，涵盖根菜类、白菜类、甘蓝类、芥菜类、绿叶菜类、水生蔬菜类、多年生菜类等种类，以及豆类、葱蒜类个别种类。本卷内容能较好地向广大读者普及蔬菜知识，以及为人们在日常生活中了解蔬菜的来源、营养保健价值和食用方法提供参考依据。

在本卷编写过程中，洪欣、张金铭博士及全文豪、张慧、蒋昱婷、汪宇坤、何煜然、丁茂、王雅琴等同学参与了编写工作和提供了部分精美照片，在此一并致谢。

浙江大学陈士国教授审阅了本书，并提出宝贵的修改意见，在此深表感谢。

编　者

2022年3月

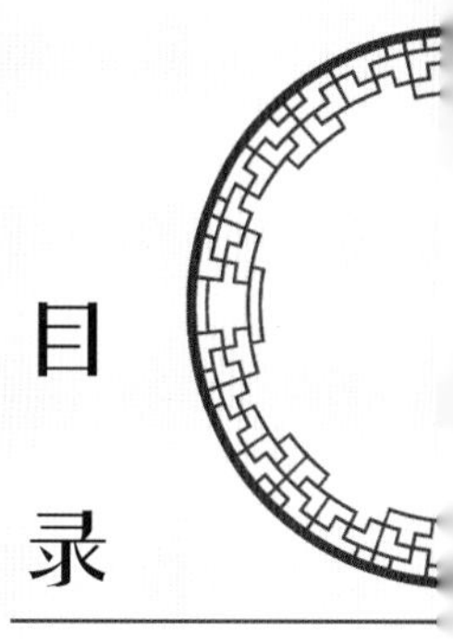

目录

青菜

青菜子，青菜子，林静山空忽惊耳。
闤中娟妙度清圆，东林吟罢西林起。
叶青青，菜青青，飞到山深声转清。
呜呼此友兮相会心，萧骚野响生寒林。

——《山友辞·青菜子》（南宋）
王质

一、物种本源

拉丁文名称，种属名

青菜［*Brassica rapa* var. *chinensis*（L.）Kitamura］，为十字花科芸薹属一年或二年生草本栽培植物。在我国，青菜别名因地而异，不过总的来说，北方多称其为“小青菜”，南方江浙沪地区多称为“小油菜”，西北西南地区多称为“油菜”，还有人把它称为“上海青”“苏州青”“瓢儿白”或是“青江白菜”等等。

形态特征

青菜的茎叶均可食用，植株较矮小，浅根系，根系发达；不结球，花黄色，种子近圆形。青菜有5个变种：一是直立生长，叶柄比叶长的青菜；二是贴地生长的塌棵青菜，如江苏南通的“塌塌菜”；三是叶与柄深绿，通体圆润的青菜，如江苏吴江的“苏州青”；四是叶柄短、叶片长，像鸡毛形的鸡毛菜；五是以肥嫩花薹为特征的青菜薹。

习性，生长环境

青菜原产于亚洲，为我国较早栽培的蔬菜品种。青菜比较耐寒，需水量大，需较高的土壤湿度和空气湿度。因此适宜生长在病虫害少，土质松软、肥沃，水分充足的土壤环境中。

二、营养及成分

青菜是含矿物质和维生素较丰富的蔬菜之一。青菜含有蛋白质、脂肪、膳食纤维、碳水化合物、酸性果胶、钙、磷、铁、镁、硒等物质，还含有丰富的维生素B_1、维生素B_2、维生素B_3、维生素C、维生素E及胡萝卜素等成分，而且含有大量不饱和脂肪酸。

三、食材功能

性味 味甘，性平、微寒。

归经 归肺、胃、大肠经。

功能

（1）提供营养，强身健体。每天食用500克青菜可以满足人体所需的维生素、胡萝卜素、钙、铁等，能帮助增强人体的免疫力。

（2）保持血管弹性。青菜含有大量的膳食纤维，可以减少血浆中胆固醇的形成，并能与脂肪结合，可以排出胆固醇代谢产物胆汁酸，减少动脉粥样硬化的形成，从而保持血管的弹性。

（3）润泽皮肤，延缓衰老。青菜含有大量的胡萝卜素（比豆类高1倍，比西红柿和甜瓜多4倍）和维生素C，多食用可以促进皮肤细胞新陈代谢，防止皮肤粗糙和色素沉着，使皮肤明亮洁净。青菜中含有的水分和膳食纤维，会促进肠道蠕动，能预防便秘并延缓衰老。

（4）其他作用。青菜是预防和治疗维生素D缺乏症的理想蔬菜。青菜中钙含量较高，对于具有缺钙、骨骼松软以及秃发症状的患者，可以将青菜与盐或糖煮沸食用，可有效缓解病症。青菜中含有的维生素B_1、维生素B_5、维生素B_6等，具有缓解精神压力的功能；青菜中含有的维生素A、维生素B、维生素C、钾、硒等，可以增强脾胃功能；青菜中含有的抗过敏成分，也有助于荨麻疹的治疗。

青　菜

青　菜

四、烹饪与加工

白灼青菜

（1）材料：青菜，油、盐、葱、姜、蒜、酱油、蚝油适量。

（2）做法：开水中加入适量油和盐，将青菜放入，大约30秒后捞出晾凉。锅中加适量的油，油热后加入葱、姜、蒜、酱油、蚝油等调料，拌匀后，淋在青菜上即可。

青菜面

（1）预处理：将青菜打磨成青菜汁，按青菜汁48%～59%、面粉18%～29%、饮用水14%～22%、盐0.6%～0.9%的比例，再加入适量食用碱进行和面。

（2）细加工：将和好后的面团，经压皮、复合压延至面带熟化，再经压延、切断、成型后进行预烘干，直至面条干燥。

（3）成品：干燥后的面条经切断、消毒后，即可包装入袋。

脱水青菜

（1）原料采集：采摘新鲜的青菜，人工挑选剔除发黄、腐烂部分。

（2）原料处理：将挑选出的青菜洗净，晾干，切成片、丝或条状后，经烫漂、冷却、沥水后烘干。

（3）成品：烘干后，用双层塑料袋真空包装。

五、食用注意

（1）不要将青菜煮得太久，也不要长时间存放已经切好的新鲜青菜。

（2）煮熟的青菜不宜在过夜后食用。

木石前盟

相传,《红楼梦》中贾宝玉是女娲娘娘补天时剩下的一块无用的顽石,林黛玉则是灵河岸边的一株绛珠仙草(酸浆草)。顽石与仙草久延岁月,承雨露之滋润,受天地之精华,都脱胎本质,各自修成男女人身。

顽石投胎于江宁贾家,取名宝玉;绛珠仙草投胎于苏州林家,取名黛玉。后来林家败落,林黛玉投亲到外祖母贾家。宝玉黛玉初次见面,便因前世姻缘,一见倾心,以至山盟海誓,正应了"木石前盟"之因。

可是,贾府受门风所缚,要结成"金玉良缘"。贾宝玉含玉降生,是"玉";薛宝钗是带金钗降生,是"金"。由此,一场"金玉良缘"的婚礼强行拆散了"木石前盟",先是林黛玉葬花焚诗含恨而死,后是贾宝玉看破红尘遁世出家。

最后,在赤霞宫神瑛侍者的撮合下,绛珠仙草回归草本,生长于淮安地界。而青白相融的顽石则化身为如玉似花的青菜。

如此,顽石与仙草终于如愿以偿,长相厮守。青菜和酸浆草盈盈共生,翠草同芳。如今,凡是青翠碧绿的青菜园旁,都有酸浆草(绛珠仙草)的伴生。

白菜

雨送寒声满背蓬，如今真是荷钼翁。
可怜遇事常迟钝，九月区区种晚菘。

——《菘园杂咏》（南宋）陆游

一、物种本源

拉丁文名称，种属名

白菜［*Brassica pekinensis*（Lour.）Rupr.］，是十字花科芸薹属二年生草本植物，又名菘菜、黄芽菜、黄矮菜、黄芽白菜、包心白菜、结球白菜等。

形态特征

白菜全株稍有白粉，基生叶大，叶柄白色，上部茎生叶有柄或抱茎，耳状，有粉霜。

习性，生长环境

白菜为百菜之王，品种很多。在我国，北方的常见白菜品种有山东胶州大白菜、北京青白、东北大矮白菜、山西阳城的大毛边等；南方的白菜是由北方引进的，其品种有乌金白、蚕白菜、鸡冠白、雪里青等。

白菜较耐寒，适合在寒冷季节生长。白菜在高温气候中易生病并且低产，因此不适合夏季种植。白菜适合种植在有机质丰富、水分充足的土壤环境中，适宜在沙壤土、黄土和黑土中生长。

白　菜

二、营养及成分

白菜中含有碳水化合物、蛋白质、膳食纤维、维生素、微量元素、糖类等多种营养物质，尤其是维生素C、膳食纤维和钙、硒、锌等矿物质含量较高。每100克大白菜中部分营养成分见下表所列。

碳水化合物	3.1克
蛋白质	1.7克
膳食纤维	0.6克
脂肪	0.2克
钙	69毫克
维生素C	47毫克
磷	30毫克
维生素E	0.9毫克
维生素B_3	0.8毫克
铁	0.5毫克
硒	0.3毫克
锌	0.2毫克
维生素B_1	0.1毫克
维生素B_2	0.1毫克

三、食材功能

性味 味甘，性平、寒。

归经 归胃、大肠、小肠、肝、肾经。

功能

（1）强筋壮骨。白菜的钙磷比例量接近母乳，一杯白菜汁中的含钙量等于一杯牛奶的含钙量，而且更容易吸收。白菜是锌含量最高的果蔬，能促进人体对钙的吸收，减少钙的排放和流失。

（2）预防疾病。白菜具有预防心肌梗死、高血压和增强人体免疫力的功效。

（3）护肤养颜。白菜含有丰富的粗纤维素，可以促进胃肠蠕动，有助于排除体内的废物和毒素。白菜中富含微量元素锌，对于女性皮肤的光滑度和弹性有好处，多食不仅可以排毒养颜、消除粉刺，而且可使皮肤白嫩透亮。白菜中所含的维生素A、维生素C、维生素E、胡萝卜素及硒元素具有抗氧化的作用，可以清除体内自由基，具有延缓人体衰老的作用，并具有良好的护肤和美容功效。

四、烹饪与加工

炒白菜

（1）材料：白菜半颗，猪肉100克，红辣椒1个，盐、鸡精、生抽适量。

（2）做法：将白菜洗净，切小段，猪肉切片，红辣椒切条。锅里加热放油，油开放肉，炒至金黄色，再放白菜，炒至白菜变软，放盐、生抽、鸡精、辣椒，继续翻炒约3分钟即可。

酸白菜

（1）预处理：将新鲜的白菜洗净去除菜根和老帮后，用刀从菜头切十字形，然后用开水烫2分钟。

（2）细加工：将烫好的白菜盛出晾凉，然后一层一层有序地放入腌缸内，放上重石，再加入冷却的白开水，使水没过白菜约1厘米。有时为了更好地发酵，可加少量米汤或面肥。

（3）成品：腌制时间随外界温度高低而不同，温度高则腌制时间缩短，直到缸内有较浓酸味时即成。

辣白菜

（1）预处理：采摘新鲜的白菜，将白菜洗净并去除菜根和老帮后，切成两半。

（2）细加工：将预处理后的白菜放入盐水中浸泡2天，捞出晒干。将辣椒、大蒜、姜等熬成辣汁，均匀充分地涂抹在白菜夹层里，辣汁放入量可依照个人的口味而定。

白 菜

（3）成品：将白菜装入小缸里，封闭后埋到地底下，周围需要用草垫好，地面用草盖严，半个月后即可开封。

五、食用注意

（1）忌食隔夜的熟白菜和未腌透的白菜。

（2）烹调时最好不要对白菜进行挤汁操作，以避免营养成分的大量流失。

（3）腹泻、脾胃虚寒的人尽量少食白菜。

（4）白菜含有氧化酵素，切开后会发生褐变，致使维生素C氧化，因此最好买整颗白菜。

齐白石买大白菜

齐白石爱画大白菜，也爱吃大白菜，还称大白菜是“菜中之王”。

一天早晨，齐白石提着篮子去买菜，看到市场上一个乡下小伙的大白菜又大又鲜嫩，就打算买几颗。没承想小伙子一看是大画家齐白石，就笑了笑说：“不卖！”

齐白石假装生气地问：“那你来干吗？”

小伙子说：“用画换！您画一颗大白菜，我给您一车大白菜。”

齐白石不由笑出声来：“小伙子，那你可吃大亏了。”

“不亏不亏，您愿画，我就换。”于是齐白石来了兴致，取来笔墨纸砚，提笔抖腕，当众作画。不一会儿，一幅淡雅清素的水墨白菜图便画成了，看者齐声称赞。

齐白石放下笔对卖菜小伙说：“小伙子，这菜可归我了。”

“行，这一车都是您的！”小伙子爽快地答道。

齐白石望着满车的白菜，却犯了难：“小伙子，这么多菜让我怎么拿呀？”

卖菜小伙想了想说：“您在这画上再添一个蚱蜢，我连车都换给您！”

齐白石没答话，拿起笔来又在白菜上添画了一只大蚱蜢，卖菜的小伙子连声说好。齐白石从车子上拿一颗白菜放在篮里，对小伙子说：“这白菜还是一颗一颗换，其余的还是你留着卖吧！”

小伙子一听急了，说：“这不行，我们讲好的，这菜连车都是您的了。”

齐白石说："我哪能一下子吃这么多？"两人你一言，我一语，争执不下。齐白石理解小伙子的一片诚意，只好把他带回家去慢慢开导。

此后每隔几日，小伙子总要送给齐白石一些白菜，齐白石也赠他一些画，渐渐地两人竟成了忘年交。

乌塌菜

拨雪挑来踏地菘，味如蜜藕更肥醲。
朱门肉食无风味，只作寻常菜把供。

——《冬日田园杂兴》（节选）
（南宋）范成大

一、物种本源

拉丁文名称，种属名

乌塌菜（*Brassica narinosa* L. H. Bailey），为十字花科芸薹属一年或二年生草本植物，又名塌菜、塌棵菜、塌地菘、黑菜等。

形态特征

乌塌菜高30~40厘米，全体无毛或基生叶下面偶有极疏刺毛。茎短，上部分枝。基生叶少，密生，短且宽，显著皱缩，呈圆卵形或倒卵形，上部茎生叶近圆形或圆卵形，基部抱茎。

乌塌菜按叶形及颜色可分为乌塌菜和油塌菜两类。乌塌菜叶片小，色深绿，叶色多皱缩，代表品种有小八叶、大八叶；油塌类系乌塌菜与油菜的天然杂种，叶片较大，浅绿色，叶面平滑，代表品种有黑叶油塌菜。按乌塌菜植株的塌地程度又可分为塌地类型和半塌地类型。

习性，生长环境

乌塌菜性喜冷凉，不耐高温，喜光，生长盛期要求肥水充足，对土壤适应性较强，但以种植在富含有机质、保水保肥力强的微酸性黏壤土为最佳。

中国乌塌菜品种资源十分丰富，如上海大中小八叶乌塌菜与黑叶油塌菜、常州乌塌菜、南京瓢儿菜、合肥黄心乌与黑心乌、五河菊花心等。

二、营养及成分

乌塌菜营养丰富，除含有膳食纤维、蛋白质、脂肪和碳水化合物外，还含有大量的矿物质和维生素。每100克乌塌菜中部分营养成分见下表所列。

膳食纤维	2.6克
蛋白质	1.6~3克
还原糖	0.8克
脂肪	0.4克
钾	0.4克
钙	154~241毫克
磷	46.3毫克
维生素C	43~75毫克
钠	42.6毫克
硒	2.4毫克
胡萝卜素	1.5~3.5毫克
铁	1.3~3.3毫克
锶	1毫克
锰	0.3毫克
锌	0.3毫克
铜	0.1毫克
维生素B_2	0.1毫克

三、食材功能

性味 味甘，性平。

归经 归肠、肝经。

功能

（1）补充营养。乌塌菜含丰富的植物蛋白质和大量碳水化合物，以及矿物质与维生素，能维持人体正常功能，促进身体代谢，对增强体质大有好处。

（2）清肠排毒。乌塌菜中含有大量的膳食纤维，能起到清肠排毒的作用；另外乌塌菜还是一种低热量菜品，它既能增加人体饱腹感，又能减少人体对其他食物的摄入，因而具有减肥功效。

（3）增强人体免疫力。乌塌菜中含有丰富的维生素C和胡萝卜素，还含有维生素B_1，这些物质都能促进人体内免疫细胞再生，增强人体免疫功能，还能滋养肌肤，提高皮肤弹性，使之细嫩，延缓皮肤衰老。

（4）预防夜盲。维生素A是人体眼部感光物质的组成部分，当维生素A缺乏时，人眼就无法感光，在夜间尤为明显，从而造成夜盲症。乌塌菜中含有的胡萝卜素被人体吸收后会转化成维生素A，因而食用乌塌菜可以预防夜盲症。

四、烹饪与加工

清炒乌塌菜

（1）材料：乌塌菜500克，蒜末、油、盐、鸡精适量。

（2）做法：将乌塌菜择洗干净，备用。热锅上油，倒入乌塌菜，大火翻炒均匀，加1勺盐调味，待乌塌菜炒软，加少许鸡精，装盘后撒上蒜末即可。

菇耳乌塌菜

（1）材料：金针菇100克，乌塌菜30克，黑木耳若干，油、盐适量。

（2）做法：黑木耳提前泡发后清洗干净备用，金针菇切去根部后洗净备用，乌塌菜掰成小块后洗净备用。锅内加入适量清水烧开，然后放入金针菇，焯烫10秒钟即可捞出。锅内滴入几滴油之后将乌塌菜放入焯烫一会儿。另起锅加入适量油，油热之后倒入乌塌菜，放入少许盐大火翻

清炒乌塌菜

炒，3分钟后盛出。将黑木耳倒入锅中翻炒，再倒入金针菇翻炒均匀，调入适量盐后盛出，再装入盛有乌塌菜的盘中。

菇耳乌塌菜

乌塌菜豆腐汤

（1）材料：乌塌菜200克，豆腐150克，虾皮30克，油、盐、姜适量。

（2）做法：把乌塌菜洗净以后，掰成小段。豆腐切成块状后，放在淡盐水中浸泡5分钟，生姜切成片状。在锅中倒入清水加热烧开，放入适量油、姜片和豆腐，大火煮3~5分钟，再加入乌塌菜，烧开以后加入虾皮和盐。

五、食用注意

（1）腹痛便溏者禁食乌塌菜。

（2）脾胃虚寒者忌食乌塌菜。

（3）乌塌菜不宜多食，消化功能不好、素体脾虚者应少食乌塌菜。

（4）孕妇应慎食乌塌菜。

乌塌棵与“脱苦”

所谓“塌棵”，是形容整棵菜瘪塌塌的。黑绿色的菜叶从中间散开，要是被积雪压过，更是又扁又平。塌棵菜绝对不像近亲大白菜那么雄壮，打个比方：如果大白菜是武松，那塌棵菜就是“三寸丁谷树皮”的武大郎了。

但和《水浒》的故事正相反，塌棵菜的个性刚烈，一点也不“软塌塌”。因为味道带点苦，有些人不太习惯，但那是因为没有尝过霜后塌棵菜。在有霜降过程的冬季，出于自我保护，蔬菜体内淀粉经淀粉酶作用，变成甜甜的葡萄糖。细胞液中糖分增加，菜不仅变甜了，还不怕寒霜雨雪了。此时的塌棵菜，苦后回甜，令人回味无穷，是最好吃的阶段。

上海乌塌棵是著名的春节吉祥蔬菜，已有上百年栽培历史，上海人过年时餐桌上必有乌塌棵菜。在江浙的方言里，“塌棵”的发音和“脱苦”差不多，人们在春节里食用，也寓意着来年有好光景，不再过苦日子。有这一流的口彩，人们当然要在春节里大吃特吃乌塌棵了。

花椰菜

鸭头新绿拥鹅黄，碎影毰毸野岸长。
花透土膏留正色，根函风露吐真香。
如从佛地收金粟，闲替农夫补艳阳。
因到残春开更久，不知桃李为谁忙。

——《菜花》（清）张问陶

一、物种本源

拉丁文名称，种属名

花椰菜（*Brassica oleracea* L. var. *botrytis* L.），为十字花科芸薹属一年或二年生草本植物，又名花菜、菜花、椰菜花、椰花菜等。

形态特征

花椰菜高60～90厘米，茎直立，粗壮，有分枝。基生叶及下部叶为长圆形至椭圆形，灰绿色，顶端圆形，开展，不卷心；叶柄长2～3厘米；茎中上部叶较小且无柄，呈长圆形至披针形，抱茎。茎顶端有1个由总花梗、花梗和未发育的花芽密集成的乳白色肉质头状体。

习性，生长环境

花椰菜根系发达，再生能力强，对光照条件要求不严格，而对水分要求比较严格，既不耐涝，又不耐旱；对土壤的适应性强，但以有机质含量高、土层深厚的沙壤土为最好，耐盐性强。

花椰菜原产于西欧，现中国各地均有栽培。

花椰菜

二、营养及成分

花椰菜富含碳水化合物、蛋白质、膳食纤维、脂肪、维生素及矿物质等，其胡萝卜素含量是大白菜的8倍，维生素B_2的含量是大白菜的2倍，钙含量较高，堪与牛奶中的钙含量媲美。此外，花椰菜含有丰富的类黄酮和抗氧化剂异硫氰酸盐化合物。每100克花椰菜中部分营养成分见下表所列。

碳水化合物	3.4克
蛋白质	2.1克
膳食纤维	1.2克
灰分	0.7克
脂肪	0.2克
维生素C	61毫克
磷	47毫克
钙	23毫克
铁	1.1毫克
维生素B_2	0.1毫克
维生素B_3	0.6毫克

三、食材功能

性味 味甘，性凉。

归经 归肾、脾、胃经。

功能

（1）保护血管。花椰菜含有丰富的类黄酮，类黄酮除了可以防止感染外，还是最好的血管清理剂，能够防止胆固醇氧化与血小板凝结成块，降低血栓形成，从而可以减少患心脏病与中风的危险，具有保护心血管系统的功效，故经常食用能够减少患心脏病与脑中风的危险。

（2）美容瘦身。花椰菜能降温去火，是一种凉性菜品，拥有很好的降火功能，能净化血管、肠道中的各种毒素。此外，花椰菜含水量高，达90%以上，热量较低，是一种良好的减肥食材。

花椰菜

（3）其他作用。花椰菜有益于病久体虚、耳鸣健忘、脾胃虚弱、发育迟缓及伤风咳嗽等疾病的康复。

四、烹饪与加工

花椰菜炒木耳

（1）材料：花椰菜500克，木耳20克，油、盐、鸡精适量。

（2）做法：将木耳浸泡洗干净。花椰菜切小朵，于盐水中浸泡15分钟，沥干。热锅下油，将花椰菜和木耳同时倒入锅中翻炒，如果锅中较干，可放适量的水，至花椰菜全部变色时加入盐和味精，翻炒均匀即可出锅。

干锅花椰菜

（1）材料：花椰菜500克，五花肉100克，红尖椒2个，盐、酱油、姜、蒜适量。

（2）做法：将花椰菜冲洗干净后用小刀沿着柄削成小朵，再用淡盐水浸泡10分钟，冲洗干净后沥干水分。五花肉切片，红尖椒切圈，生姜切片，大蒜切小块。五花肉入锅加生姜，小火慢慢煸炒出油，将肉推至一边。开大火，倒入花椰菜，再翻炒2分钟，盖上锅盖，调中火焗30秒，加入红尖椒和蒜末，炒匀后加入酱油，起锅前加入适量盐炒匀即可。

花菜干

（1）预处理：采摘新鲜花椰菜掰分为小朵。

（2）细加工：将小朵花椰菜清洗干净，放入锅中焯水后迅速捞起，沥干水分，然后置于太阳底下晒干。

（3）成品：晒成花菜干后，放入密封的食用塑料袋中。

五、食用注意

（1）尿路结石患者忌食花椰菜。

（2）花椰菜常伴有残留的农药，还容易生菜虫，所以在食用之前，可将菜花放在盐水里浸泡几分钟，这样既可去除菜虫，还可去除残留农药。

（3）烹调花椰菜和加盐的时间不宜过长，否则会破坏营养成分。

（4）肾脏功能异常的人不宜多食花椰菜。

花椰菜治皮肤病

相传，清末江苏无锡郊外有一个名叫兰秀的姑娘，人如其名，不仅生得清秀可爱，还聪明伶俐。可不幸的是，兰秀竟患上皮肤病，身上疥疮累累，痛痒流脓，还日夜咳嗽不停。久治不愈，她只得闭门在家。

一天夜里，兰秀梦见一片花椰菜田，白绿相间，十分诱人。第二天夜里，兰秀又梦见那片花椰菜田，白的色泽如玉，绿的青翠欲滴，着实惹人喜爱。一连数日，夜夜如此。

兰秀不禁暗自忖度：莫非是神灵示意？花椰菜难道可以治我身上的病？兰秀决定试一试！于是，天亮后她来到长满花椰菜的地里，摘取了新鲜的花椰菜，清炒食之。花椰菜味道鲜美，清香可口，她一连吃了数日，感觉神清气爽，大便通利。半个月过去了，皮肤上的疥疮也逐渐缓解，咳嗽也日渐减轻。兰秀喜出望外，坚持炒食花椰菜。没有花椰菜的季节里，兰秀则将腌制晒干的花椰菜炒食。

半年后，兰秀姑娘全身的疥疮都没了，甚至连疤痕也没留下，脸颊红润，气色大好，也不咳嗽了。此后，用花椰菜治皮肤病的方法在民间就流传开来。

西蓝花

泊定中华居新家，青白同味各素雅。
入乡随俗皆游遍，西蓝今去入谁家？

——《西蓝花》（现代）石喜芝

一、物种本源

拉丁文名称，种属名

西蓝花（*Brassica oleracea* L. var. *italica* Planch.），为十字花科芸薹属一年或二年生草本植物，又名绿花菜、绿菜花、青花菜、绿花椰菜或美国花菜等。

形态特征

西蓝花植株高大，长势强健，在生长出20片左右的叶片时抽出花茎。顶端生花蕾呈花球状，形状为半球形，花蕾为青绿色，因此西蓝花也被人称为“青花菜”。

习性，生长环境

西蓝花在生长过程中喜欢充足的光照，光照足时植株健壮，光合作用和对养分的积累较强，花球紧实致密，颜色鲜绿品质好，并且具有很强的耐寒和耐热性。西蓝花对土壤条件要求不严格，但在整个生长过程中需要充足的肥料。西蓝花的形态、生长习性和花椰菜基本相似，但与后者相比长势更为强健，耐热性和抗寒性也都较强。

西蓝花

二、营养及成分

西蓝花中的营养成分，主要包括蛋白质、糖类、膳食纤维、脂肪、维生素C等。每100克西蓝花中部分营养成分见下表所列。

蛋白质	4.1克
糖类	3.6克
膳食纤维	1.2克
脂肪	0.2克
维生素C	66毫克
维生素E	0.1毫克
维生素B_3	0.1毫克

三、食材功能

性味 味甘，性平。

归经 归肾、脾、胃经。

西蓝花

功能

（1）降血糖。西蓝花属于高纤维蔬菜，能有效降低肠胃对葡萄糖的吸收，进而降低血糖，有效控制糖尿病的病情。

（2）美容养颜。西蓝花中含有维生素C和胡萝卜素，具有美肤养颜的效果。

（3）其他作用。西蓝花可补肾

填精、健脑壮骨、补脾和胃，主治久病体虚、肢体痿软、耳鸣健忘、脾胃虚弱、小儿发育迟缓等病症。

四、烹饪与加工

蚝油蒜蓉西蓝花

（1）材料：西蓝花1颗，蒜6瓣，食用油、蚝油、盐适量。

（2）做法：将西蓝花切成小朵，放在水里浸泡，同时锅里烧水，放入少许盐。水沸腾之后放入西蓝花，不要超过2分钟，焯水断生即可，捞出沥水。热锅下油，放入蒜末，小火煸至金黄时倒入蚝油，快速翻炒均匀，放入沥好水的西蓝花，大火翻炒3分钟出锅。

西蓝花炖排骨

（1）材料：西蓝花100克，排骨250克，胡萝卜100克，银杏仁10克，红枣5颗，油、盐、姜适量。

（2）做法：排骨切段，银杏仁洗净，胡萝卜切厚片，西蓝花切小段。锅中加入少量水、姜片，烧开后煮3分钟，放入排骨焯水，沥干。锅里放入油，加入排骨翻炒，加入少许料酒炒香，加水烧开。将炒锅里的排骨汤倒入汤锅里，加入胡萝卜、西蓝花、去核的红枣和银杏仁，煲10分钟，加入盐调味即可。

脱水西蓝花

（1）预处理：将西蓝花掰分成小朵。

（2）细加工：小朵的西蓝花经盐水浸泡、洗净、沥干待用，再经酶解、腌制、烘烤、低温真空冷冻干燥等工艺获得爽脆西蓝花。

（3）成品：灭菌后真空包装即可。

五、食用注意

（1）西蓝花焯水时，时间不宜太长。

（2）西蓝花的烹调时间不宜过长。

西蓝花风波

深受中国人喜爱的西蓝花，其实来自异国他乡。西蓝花原产于地中海沿岸的意大利一带，由于营养丰富，因此世界各国的营养学家都号召人们多吃西蓝花。可是，美国前总统老布什却尤其讨厌西蓝花，为此还闹过一次西蓝花风波。

话说有一天，当上总统不久的老布什，对“空军一号”上的服务员说，他已忍无可忍，以后再也不想在餐单中见到西蓝花了。后来这个消息被泄漏给了记者，*U. S. News* 刊出了以下煽情的标题：“经过8年的忍气吞声（老布什当了里根8年的副手），布什终于为自己的饮食品味赢回一仗！”

结果这惹来一场不大不小的风波，老布什被人批评：“总统实在是‘教坏’小朋友，你叫那些为人父母的，以后见到子女吃饭时吃剩西蓝花和其他蔬菜，还能怎么办?”

稍后记者更对此穷追不舍，但老布什仍选择强硬回应：“我小时候已经十分讨厌西蓝花了，但我的母亲却强迫我把它吃下。到了今天，我已经贵为美国总统，我是不会再吃它了。”

一些种植西蓝花的农夫感到气愤难平，把一整辆货车的西蓝花送到白宫，希望总统回心转意。但老布什始终没有妥协，只委托夫人芭芭拉到白宫草坪接收，并把这批蔬菜转赠给当地的露宿者之家。可怜第一夫人拿着一束束西蓝花的模样，成了大家茶余饭后八卦的谈资。好在这位第一夫人落落大方，她说：“总统当然可以决定怎么做，但美国的小朋友还是要多吃西蓝花比较好。”

19世纪末，西蓝花传至中国，但只有少数权贵才有机会食用。近年来，西蓝花逐渐走进寻常百姓家中，并且以其美丽独特的外形和极高的营养价值，被誉为“蔬菜皇冠”。

甘蓝

赤似绣球白似瓜，红白皱叶是一家。
如若高俅还在世，踢遍中华赢天下。

——《甘蓝》（现代）高尤洲

一、物种本源

拉丁文名称，种属名

甘蓝（*Brassica oleracea* L. var. *capitata* L.），为十字花科芸薹属一年或两年生草本植物，又名圆白菜、洋白菜、普洋白菜、蓝菜、西土蓝、包菜、包心菜、卷心菜、莲花白、椰菜、茴子白、结球甘蓝等。

形态特征

甘蓝是我国及许多国家和地区主要种植的蔬菜之一，它营养丰富、种类繁多。其中，圆球甘蓝结球大而紧实。扁球甘蓝叶球扁圆形，外叶为深绿色，球色鲜绿。羽衣甘蓝最大的区别就在于它的中心不会结球，而且还有不同的颜色，如翠绿、深绿、黄绿、紫红等等，但羽衣甘蓝一般生长在美国地区，为二年生观叶草本花卉。抱子甘蓝一般产自地中海沿岸，结球很小，但蛋白质含量非常高。皱叶甘蓝叶子不像其他甘蓝那样平滑，而是有大量的褶皱，叶片小时可以结球。三季绿甘蓝外叶呈青绿色，球叶墨绿，表面光滑。

甘　蓝

习性，生长环境

甘蓝喜温和湿润、有充足光照的环境，较耐寒，也有适应高温的能力，对土壤的要求不严格，但宜在腐殖质丰富的黏壤土或沙壤土中种植。

二、营养及成分

甘蓝中含有糖类、蛋白质、膳食纤维、维生素A、维生素C、维生素E、多种微量元素等物质。每100克甘蓝中部分营养成分见下表所列。

糖类	4克
蛋白质	1.3克
膳食纤维	0.9克
脂肪	0.3克
钙	0.1克
磷	56毫克
维生素C	9毫克
铁	1.9毫克
维生素B_3	0.3毫克
胡萝卜素	0.1毫克
维生素B_1	0.1毫克

三、食材功能

性味 味甘，性平。

归经 归胃、肾、心经。

功能

（1）增强免疫。200克甘蓝菜中维生素C含量是1个柑橘的两倍。此外，这种蔬菜还能够给人体提供一定数量的抗氧化剂，所含的维生素E与β–胡萝卜素，能够保护机体免受自由基的损伤，并有助于细胞的更新。

（2）治疗皮肤病。甘蓝含有丰富的硫元素，对各种皮肤瘙痒、湿疹等疾患有一定的疗效。

（3）提升情绪。甘蓝含有的色氨酸，能够镇静神经，促进“快乐激素”——5–羟色胺的产生。此外，甘蓝中含有的微量元素硒，具有调节情绪的作用。

甘　蓝

（4）消炎止痛。甘蓝类蔬菜能够减轻关节疼痛症状，并且还能够防治由感冒引起的咽喉疼痛症状。

（5）瘦身减肥。甘蓝含有丰富的矿物质，其中的钾元素能够调节体内水液的含量，将体内的有毒物质及代谢废物排出体外，并能代谢出组织间隙多余的水分。另外，它所含有的大量镁元素，不但能够健脑提神，而且还能提高人的体能与精力；其含有的铁元素，能够提高血液中氧气的含量，有助于机体对脂肪的燃烧，从而对减肥大有裨益。

四、烹饪与加工

清炒甘蓝

（1）材料：甘蓝400克，洋葱50克，面包糠100克，油、蒜、盐适量。

（2）做法：将甘蓝洗净切开，洋葱切丁，蒜切末。锅内倒油，中高火烧热，加入洋葱丁和蒜末，炒至变软。将面包糠倒入，炒至变黄。加入甘蓝，大火翻炒3分钟，加入适量盐，翻炒30秒出锅。

紫甘蓝馒头

（1）预处理：将紫甘蓝洗净，撕成小片，榨汁去渣。

（2）细加工：在紫甘蓝汁中加适量白醋和白糖，搅拌均匀。盆内放入500克面粉，倒入紫甘蓝汁，加入酵母粉，搅拌成絮状后和面。面和好后用保鲜膜密封发面，然后将面团做成馒头形状，大火蒸15分钟。

（3）成品：蒸好后，焖5分钟再出锅。

甘蓝泡菜

（1）预处理：选择质地新鲜的甘蓝洗净，沥干。

（2）细加工：将甘蓝切开放入专用的泡菜坛内，其浸泡液含食盐量为3%~5%。在泡制期间应注意坛子要先晾干，不能有生水，水槽扣碗盖后要保持水满，如发现坛内液面有白沫，应立即除去。

（3）成品：泡制3~5天即可食用。

五、食用注意

（1）甘蓝含有粗纤维较多，因此脾胃虚寒患者不宜食用甘蓝。

（2）眼部充血患者忌食甘蓝。

（3）腹泻及肝病患者不宜食用甘蓝。

（4）甘蓝不宜用水煮焯、浸烫，以免损失较多维生素和矿物质。

种甘蓝娶仙女

传说，在很久很久以前，大凉山深处的越西有一个英俊勇敢的彝族后生阿鲁。他贫苦孤单，以砍柴为生。阿鲁从村旁的小河边经过时，常常能见到一个年轻美丽的少女，在越西河边浣纱。阿鲁每次都会偷偷地多看少女几眼。

一日，阿鲁砍柴归来，忽见少女跌落河中，便不顾一切地跳入急流中，将少女救起。少女为报答阿鲁的救命之恩，愿意以身相许。可是阿鲁觉得自己家里很穷，便婉言谢绝了少女。少女只得以实相告：原来，她本来是天宫的仙女，因为留恋人间美景，便偷偷下凡，见阿鲁勤劳善良，便喜欢上了阿鲁，所以才上演了这么一出少女落水的戏。

阿鲁知道少女原来是天上仙女后，更不愿意了，因为他不想让少女和自己一起挨饿受穷。少女见阿鲁态度很坚决，便返回了天宫。之后阿鲁从越西河旁经过，见少女不在了，以为再也不能相见了，心里很失落。

有一天，阿鲁再次从越西河旁经过，突然听见有人在叫他。他回头一看，原来是那位少女，她又回来了！阿鲁高兴地跑到少女面前，问她怎么又回来了。原来少女当天并不是真的想要离开，她只是想回天宫拿一样东西来帮助阿鲁。少女所拿的东西便是天上的星星。

她让阿鲁把星星种在土里，等到来年地里会结满一种蔬菜，叫作甘蓝。当阿鲁过上富足生活的时候，再到小河边去找她。

第二年春天的一个早上，阿鲁准备像往常一样到大山里去砍柴。他刚一出门便被漫山遍野的甘蓝惊住了，紫色、白色、绿色、粉色、黄色的甘蓝太好看了，就像满天的星星一样。

这年阿鲁有了个好收成，而且这些甘蓝让阿鲁和乡亲们都过上了快乐富足的生活！阿鲁用甘蓝做的五彩花轿到越西河旁将少女娶进了门，从此他们便一起过上了幸福的生活。

苤蓝

观音不食生与腥，方有苤蓝玉蔓菁。
况是丹头荐绝品，久饵能使玉寿延。

——《苤蓝》（清）佚名

一、物种本源

拉丁文名称，种属名

苤蓝（*Brassica oleracea* L. var. *gongylodes* L.），为十字花科芸薹属一年或二年生草本植物，食用部分为肉质球状茎，又名球茎甘蓝、人头疙瘩、不留客、玉蔓菁、撇蓝、茄莲、擘蓝、撇列等。

形态特征

苤蓝高30～60厘米，全株长滑无毛，茎短，离地面2～4厘米处开始膨大而生长为一球状体，坚硬，呈椭圆形、球形或扁圆形。

习性，生长环境

苤蓝喜温、湿润和充足的光照，较耐寒，也有适应高温的能力，对土壤的选择不严格，但宜在腐殖质丰富的黏沙壤土中种植。

苤　蓝

苤蓝原产于地中海沿岸，由叶用甘蓝变异而来，16世纪传入我国，现各地均有栽培，北方较为普遍。苤蓝是甘蓝中能形成肉质茎的一个变种，与结球甘蓝相比，其食用部位不同。苤蓝主要有捷克白苤蓝、青苤蓝、秋串、河间苤蓝、青县苤蓝、大叶芥蓝头等品种。

二、营养及成分

苤蓝含有维生素B_1、维生素B_2、维生素B_3、维生素C、维生素E、胡萝卜素及钙、铁、磷、硒等。每100克苤蓝中部分营养成分见下表所列。

碳水化合物	3.1克
蛋白质	2.5克
膳食纤维	1.5克
脂肪	0.2克

三、食材功能

性味 味甘、辛，性凉。

归经 归肝、胃经。

功能

（1）提供能量。苤蓝中含丰富的蛋白质，能为人体的生命活动提供能量。

（2）调理肠胃。苤蓝的维生素含量十分丰富，其所含的维生素C能够止痛生肌，对胃与十二指肠溃疡的愈合起到促进作用。苤蓝内含大量水分和膳食纤维，可宽肠通便、防治便秘、排除毒素。

（3）增强免疫力。苤蓝含有丰富的维生素E，维生素E可抗氧化，因而有增强人体免疫功能的作用。

（4）其他作用。苤蓝可补骨髓、利五脏六腑、利关节、通经络、明耳目、益心力、壮筋骨，主治脾虚火盛、中膈存痰、腹内冷疼、小便淋浊，又治大麻风疥癞之疾。生食止渴化痰，煎服治大肠下血，烧灰为末治脑漏，吹鼻治中风不语，皮能止渴淋。

苤 蓝

四、烹饪与加工

凉拌苤蓝丝

（1）材料：苤蓝300克，红彩椒1个，香葱1根，香菜15克，盐、白糖、醋、鸡粉、鱼露、生抽、红油适量。

（2）做法：将苤蓝洗净去皮，切成细丝，用凉水冲洗，放入碗中。红彩椒切细丝泡入水中，香葱切末，香菜切末。将红彩椒丝、香葱末、香菜末、盐、白糖、醋、鸡粉、鱼露、生抽、红油加入苤蓝丝中，用筷子搅拌均匀，装盘即可。

腌苤蓝

（1）预处理：选用新鲜的苤蓝，洗净去皮。

（2）细加工：晾干苤蓝表面水分，然后按一层苤蓝一层盐的顺序装入缸内，装好后注入水，每天倒缸一次，持续1周。1周后每隔2天倒缸一次，1个月后把缸密封起来放在阴凉的地方腌制。

（3）成品：大约60天后苤蓝即可腌好，取出切丝加香油调味即可食用。

酱香苤蓝

（1）预处理：苤蓝去掉外皮后洗净切成丝状。

（2）细加工：将苤蓝丝放在阳光下晾晒，晒到半干以后放在干净的容器中。在炒锅中放油，加热后放芝麻、酱油和盐一起炒出香气，随后放入适量的辣椒一起炒匀。把炒好的酱汁倒入苤蓝丝中，调匀以后密封保存，每天用筷子搅动。

（3）成品：7～10天后苤蓝入味即可食用。

五、食用注意

（1）苤蓝性凉，脾胃虚寒或大便泻泄者不宜多食。

（2）苤蓝损气耗血，故病后及患疮者忌食或少食。

（3）胆石症、脂肪肝、肝硬化、脑炎、痛风、神经性疾病患者慎食。

苤蓝烧牛肉

相传，南海观世音菩萨化作凡人，带着童子遨游苏北。

当他们走到刘庄紫云山一带时，感觉腹中饥饿，好不容易寻得一户人家，准备化些斋饭。主人热情，准备了一大桌好菜来招待观音菩萨和童子，尽是些鱼肉荤腥。童子馋得直流口水，可是观音却向主人道谢说："我们二人不吃荤腥，蔬菜即可。"主人说后院田间有野菜，菩萨便命童子挖来数棵。又不巧主人家的锅中正炖着牛肉，观音遂用牛皮纸包裹起这种像萝卜一样的野菜，放在竹篮里再投入牛肉锅中，以便将荤素相隔。

可是童子闻着牛肉的香味实在忍不住，偷偷将牛皮纸撕开一个小口。煮熟之后，童子吃着野菜，有股牛肉的浓香，而主人吃起牛肉竟也有一股野菜的清香。后来，这里的人们得到了启示，便开始种植这似萝卜非萝卜的野菜。

因用牛皮纸包裹，又投入篮中，所以此菜谐音就叫"苤蓝"了。而苤蓝烧牛肉，也渐渐成了苏北一道著名的风味菜。

芥菜

将星落后，留得大名垂宇宙。
老圃春深，传出英雄尽瘁心。
浓青浅翠，驻马坡前无隙地。
此味能知，臣本江南一布衣。

——《减字木兰花·诸葛菜》

（清）陈作霖

一、物种本源

拉丁文名称，种属名

芥菜［*Brassica juncea*（L.）Czern. et Coss.］，为十字花科芸薹属一年或二年生草本植物，又名雪里蕻、盖菜、黄芥、皱叶芥、弥陀芥、芥菜头等。

形态特征

芥菜高30～150厘米，幼茎及叶具刺毛，有辣味；茎直立，茎下部叶较小，边缘有缺刻，茎上部叶窄披针形，边缘具不明显疏齿或全缘。

习性，生长环境

芥菜的适应性非常强，但生长易受土壤、水分影响，花期为3～5月。芥菜按品种可分为青芥、皱叶芥、马芥、花芥、紫芥、石芥。芥菜是一种古老的蔬菜，我国为原产国，史前即开始种植，目前全国各地均有栽培。

芥 菜

二、营养及成分

芥菜的营养成分非常丰富，含有钙、磷、铁、硒、锌等矿物质和维生素B_1、维生素B_2、维生素B_3、维生素C、维生素D以及胡萝卜素、黑芥子苷、芥子酶、芥子酸、芥子碱等营养物质。每100克芥菜中部分营养成分见下表所列。

碳水化合物	2克
蛋白质	1.8克
膳食纤维	1.2克
脂肪	0.4克

三、食材功能

性味 味甘、辛，性平。

归经 归脾、胃经。

功能

（1）提神醒脑。芥菜含有大量的维生素C，是活性很强的还原物质，能增加大脑中氧含量，激发大脑对氧的利用，有提神醒脑、解除疲劳的功效。

（2）调理肠胃。芥菜有解毒消肿之功，能抗感染和预防疾病的发生，抑制细菌毒素的毒性，促进伤口愈合，还可用来辅助治疗感染性疾病。

（3）补充钙质。芥菜是钙含量较高的蔬菜，每100克芥菜中钙含量约为230毫克，是食疗补钙的较好选择，骨质疏松者等缺钙人群可以多吃芥菜。

(4) 明目通便。芥菜组织较粗硬，含有胡萝卜素和大量食用纤维素，故有明目与宽肠通便的作用，可作为眼科患者的食疗佳品，还可防治便秘。

(5) 开胃消食。芥菜腌制后有一种特殊的鲜味和香味，能改进胃、肠消化功能，增进食欲，但是高血压患者应少食。

(6) 其他作用。芥菜有益于治疗寒饮咳嗽、头昏目暗、耳目失聪及黄疸、腹胀、小便赤黄、肺痨（即肺结核），还可利尿除湿，治牙龈肿烂、痔疮肿痛、漆疮瘙痒等。

四、烹饪与加工

清炒芥菜

(1) 材料：芥菜300克，蒜2瓣，蚝油、油、盐、鸡精适量。

(2) 做法：将芥菜摘掉老根和老叶，洗干净后切片控水，蒜去皮后切末。锅中倒入油烧至七成热，加入蒜末爆香后，加入芥菜翻炒。大火快速翻炒1分钟，加入盐和蚝油调味，再翻炒1分钟加鸡精，翻炒均匀出锅装盘。

芥　菜

芥菜炒鸡蛋

（1）材料：芥菜300克，鸡蛋3个，油、盐适量。

（2）做法：摘除芥菜的黄叶、老叶，清洗干净，沥干水分，切碎装入大碗中。在碗中打入鸡蛋，加入盐，用筷子把鸡蛋打散，搅拌均匀。锅里加油烧热，倒入芥菜鸡蛋液，大火翻炒2分钟即可出锅装盘。

腌芥菜

（1）预处理：选用新鲜的芥菜，洗净沥干水分。

（2）细加工：将芥菜切成薄片，然后再切成丝备用。准备腌芥菜所需的配料：食用油、白醋、白糖、蒜末、辣椒面、盐、味精适量。把切好的芥菜放在盆里，将准备好的配料都倒进盆里，用手搅拌均匀。静置10分钟后，倒进一个干净无菌的玻璃瓶里。

（3）成品：最后把玻璃瓶盖上盖子密封好，3天后即可食用。

五、食用注意

（1）内热偏盛及热性咳嗽患者少食芥菜及芥菜制品。疮疡、目疾、痔疮、便血者也不宜食用鲜芥菜。

（2）腌芥菜，盐重味咸，水肿及肾功能不全者应少食，防止钠离子加重肾脏负担，导致水潴留，以致水肿复发。

（3）脾胃虚寒、腹泻者不宜多食芥菜制品。病后初愈、体虚者应慎食。

诸葛抚民心

相传三国时，刘备在荆州屯有大量兵马。俗话说："长根的要肥，长嘴的要吃。"兵马越多，老百姓的负担越重。虽说荆州地盘大，但是老百姓负担过重，自身吃不饱，穿不暖，人心就不安定。诸葛亮心想：得人心者得天下。他一面想安抚人心，一面又要筹足军队的粮饷，这事使他大费了一番脑筋。

有一天，诸葛亮带领随从前往荆州城外考察民情，途中见到一位老农正在地里收菜。诸葛亮走上前去，发现收的菜自己没见过，便躬身问道："老人家，您种的是啥菜呀？"

老农回答说："这是疙瘩菜，也叫作芥菜、蔓菁，它可是我们庄户人家的当家菜呢。可别小看这芥菜，它可浑身是宝。叶子和蔸子都能吃，一时吃不完，还可以制成腌菜。现在军粮征收得多，赋税又重，这芥菜啊，就成当家菜啦！"

诸葛亮听后又羞愧又有兴趣，他顺手从地里拔起一株芥菜，一看菜叶有尺把长，块根约有半斤重。他嘴上向老农询问芥菜的产量和种植方法，心里却在盘算：若是下令让士兵开荒种地，广种芥菜，这样既可以补充军粮，又可以当牲口饲料，而且经济实惠，还能减轻老百姓的负担，岂不一举多得？

回来后，诸葛亮立即召见三军将领，提出了减轻赋税、屯田开荒、节俭治军的主张。这个主张得到了军队和老百姓的一致拥护。按照诸葛亮的建议，士兵们开荒种地，广种芥菜，当年就获得了大丰收。军队吃不完，还送给老百姓，老百姓为此感激不尽。

于是，人们把当年诸葛亮推广的这种芥菜，取名为"诸葛菜"。后来，这小小芥菜还进了清代皇家的御膳房呢。

芥蓝

山僻村姑赛天仙，惹朕情牵意流连。
堪羡芥蓝多艳福，得沾美人脂粉香。

——《芥蓝》（清）爱新觉罗·弘历

拉丁文名称，种属名

芥蓝（*Brassica alboglabra* L. H. Bailey），为十字花科芸薹属一年生草本植物，食用部分为白花甘蓝或黄花甘蓝的肥嫩茎和花薹，又名绿叶甘蓝、不结球甘蓝、盖蓝、盖蓝菜、隔蓝、格蓝、格蓝菜、佛光菜、白花芥蓝、隔暝仔菜等。

形态特征

芥蓝茎粗壮直立，高可达100厘米，叶片呈长倒卵形，青绿色，茎叶多白粉霜，质地柔嫩。

习性，生长环境

芥　蓝

芥蓝喜温和的气候，耐热性强，属长日照作物，需要良好的光照，不耐阴，喜湿润的土壤环境。

芥蓝原产于我国南方，栽培历史悠久，是我国的特色产业蔬菜。目前芥蓝主产区有广东、广西、福建和台湾等省区，沿海及北方大城市郊区有少量栽培。我国栽培的芥蓝品种很多，依花的颜色可分为白花芥蓝和黄花芥蓝两种类型，白花芥蓝栽培面积较广。依其生育期可分为早、中、晚熟品种。全国最出名的芥蓝产地为广东揭阳，品种有广东登峰蓝、佛山中迟芥蓝、台湾中花芥蓝等。

二、营养及成分

每100克芥蓝中部分营养成分见下表所列。

蛋白质	2.8克
膳食纤维	1.6克
碳水化合物	1克
脂肪	0.4克
钙	0.1克
钾	0.1克
维生素C	76毫克
钠	50.5毫克
磷	50毫克
镁	18毫克
铁	2毫克
锌	1.3毫克
维生素B_3	1毫克
维生素E	1毫克
锰	0.5毫克
铜	0.1毫克
维生素B_2	0.1毫克

三、食材功能

性味 味甘、辛，性凉。

归经 归肝、胃经。

功能

（1）提神醒脑。芥蓝中含一种独特的苦味成分即奎宁（金鸡纳霜），能抑制过度兴奋的体温中枢，起到消暑解热作用。

（2）滑肠通便。芥蓝带有一定的苦味，能刺激人的味觉神经，增进食欲，还含有大量膳食纤维，可增加胃肠消化功能，促进肠蠕动，有宽肠通便的作用。

（3）抗氧化。芥蓝是钙含量较高的蔬菜，每100克芥菜中钙含量为128毫克，被作为食疗补钙的一大选择，骨质疏松者等缺钙人群可以多食芥菜。

（4）保护肝脏。芥蓝中含有较多的叶黄素和胡萝卜素，这些脂溶性维生素可以保护上皮细胞和肝脏，甚至对预防、缓解白内障和黄斑病变也有很好的帮助。

芥　蓝

（5）增强免疫力。芥蓝富含维生素C和维生素E，可促进铁的吸收，增强免疫力。

（6）其他作用。芥蓝有除邪热、解劳乏、清心明目的功效，有助于缓解便秘、牙龈出血、风热感冒、咽喉痛、气喘症状，并能预防白喉等症。

四、烹饪与加工

芥蓝炒山药

（1）材料：芥蓝250克，山药100克，蒜2瓣，淀粉5克，油、盐、白醋、鸡精适量。

（2）做法：将芥蓝切滚刀块，焯水1分钟左右，捞出后过凉水，沥干水分。山药切滚刀块，放冷水里并加少许白醋浸泡，浸泡后捞出沥干水分。蒜瓣切片。碗内放入淀粉和水，搅拌均匀。锅内加少许油，加热，放入蒜片爆香。倒入芥蓝和山药，翻炒2分钟，倒入半碗水，中大火煮沸，待水分变少时，放入淀粉水、盐和鸡精，大火收汁即可出锅装盘。

清炒芥蓝

（1）材料：芥蓝350克，蒜2瓣，红辣椒半个，油、盐适量。

（2）做法：将芥蓝去老梗洗净，红辣椒切丝，蒜切末。锅中烧水，加少许食用油，水开倒入芥蓝烫2分钟，捞出沥干水。锅内加油，爆香蒜末，倒入芥蓝和红椒丝，大火翻炒2分钟，加盐，翻炒均匀即可出锅。

芥蓝汁

（1）预处理：将新鲜的芥蓝放入清水中浸泡片刻，再清洗干净。

（2）细加工：锅里放入清水烧开，把芥蓝放入开水中焯一下，捞出沥干水分；再倒入榨汁机中，加入适量的温开水，选择果蔬功能，搅拌50秒左右按停止键结束。

（3）成品：把搅打好的芥蓝汁过滤一下即可。

五、食用注意

（1）芥蓝有苦涩味，炒时加入少量糖和酒，可以改善口感。

（2）芥蓝梗粗不易熟透，烹制时加入的汤水要比一般蔬菜多，炒的时间要长些，才能更好地保持菜里的水分。

（3）芥蓝过水时间不宜过长，这是保持菜薹柔软爽口的关键。

桃山芥蓝的传说

关于桃山芥蓝的由来，民间流传着许多生动的传说。

据《揭阳县志》记载，六祖法师未出家时，不食荤血，云游采摘野菜。一日，法师腹中饥饿。他看见农家有以锅熬野味者，乃将野菜与野味同锅，但隔开煮之而食。这种野菜后为农家广泛种植，被称为“隔篮”。“隔”与“格”音近，将“篮”之“竹”头改为“草”字头，以表菜名，该菜在潮汕地区遂有“格蓝”之称。

古时候有个桃山女子嫁到外地给人当新媳妇，第一次下厨房做菜，一出手就用上厚猪油、猛火、香鱼露、洒水这四种绝招爆炒芥蓝，噼啪作响的炒菜声竟然将其婆婆当场吓晕。

桃山新妇使出的四招，实际上正是潮汕人爆炒芥蓝的传统方法。用厚猪油是因为芥蓝菜很吸油，猛火是为了使芥蓝更青翠，下鱼露会使芥蓝更美味，洒水是因为芥蓝菜含水量较少，而且叶面带有蜡质，水与油混合后产生的高温气体会使芥蓝更易煸透。如果没有这样做，炒出来的芥蓝就不对味儿。

据传有一日，乾隆皇帝微服私访来到桃山红门楼，正在村野店家品尝爆炒芥蓝。忽然，他发现楼上一位正在梳妆的村姑长得标致可人。乾隆皇帝生性风流，就多看了几眼，结果被姑娘用洗脸水淋湿了衣服，打翻了芥蓝。乾隆皇帝不但不生气，反而是随口吟出四句诗：“山僻村姑赛天仙，惹朕情牵意流连。堪羡芥蓝多艳福，得沾美人脂粉香。”村姑一听，知道是当朝皇帝，赶紧重新做了一份爆炒芥蓝，乾隆皇帝吃完大加赞赏。从此，桃山红门的爆炒芥蓝最有名气。

大头菜

殷勤园叟劈霜团，珍重佳人出翠盘。
从此备知辛苦味，可能温饱遍长安？

——《咏辣菜》（清）
爱新觉罗·弘旿

一、物种本源

拉丁文名称，种属名

大头菜［*Brassica juncea*（L.）Czern. var. *megarrhiza* Tsen. et Lee.）］，为十字花科芸薹属二年生草本植物，又名芥辣、辣菜、芥菜头、疙瘩菜、疙瘩头、儿菜等。

形态特征

大头菜有椭圆、卵圆、倒卵圆、披针等形状，表皮通常为翠绿色，也有黄绿色或绿色。

习性，生长环境

大头菜性喜冷凉，不耐暑热。大头菜以疏松肥沃的沙质土壤栽培为佳，排水、日照需良好。

大头菜

二、营养及成分

大头菜营养成分很高，含有多种维生素，对人体也有较好的保健功效。每100克大头菜中部分营养成分见下表所列。

蛋白质	1.9克
不溶性膳食纤维	1.4克
脂肪	0.2克
钾	0.2克
钠	66毫克
钙	65毫克
磷	36毫克
维生素C	34毫克
镁	19毫克
铁	0.8毫克
维生素B_3	0.6毫克
锌	0.3毫克
维生素E	0.2毫克
锰	0.2毫克
铜	0.1毫克
维生素B_1	0.1毫克

三、食材功能

性味 味辛，性温。

归经 归肺、胃经。

功能

（1）解毒消肿。大头菜含有丰富的膳食纤维，可促进结肠蠕动，从而具有解毒消肿等功效。

（2）下气消食。大头菜含有一种叫硫代葡萄糖苷的物质，经水解后能产生挥发性芥子油，具有促进肠胃消化吸收的作用。此外，大头菜还具有一种特殊的鲜香气味，能增进食欲，帮助消化。

（3）利尿除温。大头菜含有钙、磷、铁等矿物质元素，被人体吸收后，能利尿除温，促进机体水、电解质平衡，可用于防治小便涩痛、淋沥不尽之症。

四、烹饪与加工

火爆大头菜

（1）材料：大头菜半颗，辣酱2勺，干红辣椒3个，麻椒6粒，蒜末、油、盐、鸡精适量。

（2）做法：将大头菜洗净，切成小块，控干水分。锅里放油，放入麻椒（要凉油下锅，不然会糊就变苦味了），出香味后用小勺将麻椒挑出，放入辣椒、蒜末、辣酱炒香，放入大头菜翻炒5分钟。炒软后加入盐、鸡精即可。

西红柿炒大头菜

（1）材料：西红柿2个，大头菜1颗，红干椒3个，葱、姜、蒜、花椒、油、料酒、盐、蚝油、味精适量。

大头菜

（2）做法：西红柿用水清洗干净，控干水分，切成块；大头菜用手撕成片，用水清洗干净，控干水分；切好葱、姜、蒜，准备好红干椒。锅内放入油加热，油热后先放入花椒、红干椒爆香，然后再放入葱、姜、蒜，翻炒。随即放入西红柿翻炒，放入料酒、少许蚝油。炒至西红柿变软，下汤汁，放入大头菜快速翻炒，放入盐。大头菜炒至断生即可，放入味精，关火出锅。

五、食用注意

（1）大头菜辛辣、气窜，生食者少，腌食者多。腌菜盐重味咸，水肿病人、肾功能不全者勿过量食用腌制的大头菜。

（2）不能过量食用新鲜的大头菜，否则会加重肠胃负担，容易出现腹部胀痛或腹泻症状，而且会对肠胃产生刺激，影响人体的肠胃健康。

诸葛亮与大头菜的故事

诸葛亮居住隆中时，有一次小染疾病，他到山上去采药，发现一种像萝卜的东西，挖出来一看又不是萝卜。只见这东西拳头大小，上大、下小，咬一口尝尝，不苦不涩，细品一下，还有点辣甜。他想，地上百草能养人，这种东西若没毒，不也是好菜吗？于是，他就挖了几个带回家，叫妻子炒了一盘，想尝尝味道咋样。谁知，菜一上桌，全家人一尝，都称好吃。问叫啥菜，诸葛亮想了想说，就叫“大头菜”吧。从此，诸葛亮一家经常吃大头菜。

有一年风调雨顺，诸葛亮种的大头菜长得又肥又大，秋后收了一大堆。襄阳人储存剩菜的办法就是腌制，诸葛亮将大头菜洗净晾干后腌了一缸，第二年拿出来一尝，竟比新鲜时还美味。后来，诸葛亮辅佐刘备联吴抗曹，因士兵没菜吃，常使刘备发愁。诸葛亮就派一支木牛流马运输队到襄阳买大头菜。大头菜运起来方便，吃着有味，刘备非常喜欢。从那以后，每逢大战之前，刘备就派人到襄阳买大头菜，他的士兵一直没有缺过菜吃。

此后，襄阳的大头菜越来越有名气，人们自然想到诸葛亮，为了不忘他的功劳，大家就把大头菜叫作“孔明菜”。

紫菜薹

不需考究食单方，冬月人家食品良。
米酒汤圆宵夜好，鳊鱼肥美菜薹香。

——《汉口竹枝词》（节选）
（清）叶调元

一、物种本源

拉丁文名称，种属名

紫菜薹（*Brassica campestris* L. var. *purpuraria* L. H. Bailey），为十字花科芸薹属二年生草本植物，又名红菜薹、红油菜薹、洪山菜薹等。

形态特征

紫菜薹高30~90厘米；茎短缩，其上着生数片基叶。叶卵形或椭圆形，叶色绿或紫绿，波状叶缘，叶基部深裂或有少数裂片。总状花序，花冠黄色。果实为长角果，内含多粒种子。种子近圆形，紫褐至黑褐色，千粒重1.5~1.9克。

习性，生长环境

紫菜薹的生长发育对温度要求稍严，种子发芽温度以25~30℃为宜；幼苗生长适宜温度范围较宽，在20℃左右时生长迅速，在25~30℃的较高温度时也能生长，在15℃以下时生长缓慢；紫菜薹发育

紫菜薹

适宜较低温度，在10℃左右时紫菜薹发育良好，在20℃以上较高温度时发育不良。紫菜薹对光照要求不严格，较肥沃的沙质壤土适于生长。

紫菜薹分布于美国、日本、荷兰和中国；在中国主要分布于湖北、四川、江苏、北京和台湾等地区。

二、营养及成分

紫菜薹含有丰富的营养成分，每100克紫菜薹中部分营养成分见下表所列。

蛋白质	4.2克
碳水化合物	3.1克
维生素C	79毫克
钙	15毫克
铁	1.3毫克
胡萝卜素	0.9毫克
维生素B_3	0.8毫克

三、食材功能

性味 味辛、甘，性凉。

归经 归肺、肝、脾经。

功能

（1）预防高血脂。高血脂是现代人类的高发疾病，由于平时人们经常食用一些高脂肪、高热量的食物，身体内脂肪和胆固醇的含量增加，严重时就会诱发高血脂，多食用紫菜薹能摄入大量的膳食纤维，加快身体内脂肪与胆固醇的代谢，从而也就减少了高血脂的发生。

（2）润肠通便，预防肥胖。紫菜薹是一种低热量、高营养的绿色食材，这种蔬菜中脂肪和热量都特别少，膳食纤维的含量特别高。食用这种蔬菜既能增加人体的饱腹感，减少对其他食物的摄入，而且不会吸收过多的热量与脂肪，还能加快肠道蠕动，能在润肠通便、预防便秘的同时，减少肥胖症的发生概率。

（3）滋养肌肤，延缓衰老。紫菜薹是一种美容蔬菜，它含有丰富的维生素C和胡萝卜素，还含有一些天然果胶，这些物质被人体吸收以后，既能滋养肌肤，又能抑制色素生成，减少皮肤表层氧化反应的发生，减少皱纹生成。

（4）提高身体造血功能。紫菜薹是一种补血蔬菜，它不但含有丰富的微量元素铁，能促进血红细胞再生，而且含有的花青素与微量元素锌和硒还能提高骨髓细胞活性，促进血小板再生，能有效增强人体造血功能，对贫血和气血亏损，以及面色微黄都有明显调理作用。

紫菜薹

四、烹饪与加工

清炒紫菜薹

（1）材料：紫菜薹350克，油、盐、糖适量。

（2）做法：紫菜薹洗净，切成段备用。锅内倒油加热，放入紫菜薹进行翻炒。加水让紫菜薹煮一下，加少许糖，均匀地撒上盐，翻炒几下起锅即可。

腊肉紫菜薹

（1）材料：紫菜薹300克，腊肉50克，蒜2瓣，干辣椒2个，油、盐、胡椒粉适量。

（2）做法：紫菜薹掐成段，叶子和花苞都可以保留。腊肉稍煮切成片，蒜切片，干辣椒切段。油锅热后下干辣椒段、蒜片煸炒，然后放入腊肉，炒至腊肉出油时，倒入紫菜薹，翻炒至菜叶变软后，加盐、胡椒粉调味，翻炒均匀，迅速起锅即可。

五、食用注意

（1）胃炎、痢疾、肠炎、消化性溃疡、呼吸系统疾病患者忌食紫菜薹。

（2）气虚、气郁、阳虚、瘀血体质者忌食紫菜薹。

洪山菜薹传说

传说当年，唐朝的开国元勋尉迟敬德出任襄州都督时，路过江夏（今武昌）县，郢州刺史忙令家人预备了一桌丰盛酒宴为尉迟敬德接风。席间，尉迟敬德对满桌的山珍海味不怎么感兴趣，而最后上桌的一道紫红色蔬菜却使他食欲大增。他边吃边赞道："好菜！好菜！色香味皆美，脆嫩可口。"尉迟敬德从未见过此佳肴，不知其名。郢州刺史告诉他，"这是楚天名菜——菜薹，与武昌鱼齐名；若长期食用，可益寿延年。"尉迟敬德闻之，甚为欢喜，一口气将满盘菜薹吃得精光。临行前，郢州刺史令人给尉迟敬德备了一份厚礼。尉迟敬德一件未收，唯独要了一筐菜薹，准备在路上享用。同时嘱咐郢州刺史，请他每年给自己送一筐菜薹。三年后，尉迟敬德在府上苦等菜薹未到，心情十分急躁，心想这郢州刺史为何如此不守信用？于是，他派人到江夏催促。差役回报说，东山（洪山）出了"井蛛湖怪"，菜薹都被妖怪吃了，尉迟敬德不信，便亲自带领一班人马，浩浩荡荡来到江夏，一则看个究竟，二则当面责问郢州刺史。尉迟敬德来到东山，果然看见一大片菜薹全都有叶无薹。这时，弥勒寺（今宝通寺）的住持见尉迟敬德到来，忙率全寺僧众出门迎接，并对尉迟敬德说："要整治这些害人的妖怪不难，只要在东山南麓，敝寺的西面建一座七层八面的宝塔即可。"尉迟敬德听此言后急忙亲自进京见驾，请皇帝赐金建塔。唐太宗李世民当即下诏，拨皇银万两，命尉迟敬德立即建塔。结果，宝塔建成了，妖怪镇住了，而尉迟敬德因积劳成疾，还没有来得及吃上新长出来的芸薹就不幸谢世了。从此，由于宝塔的神威，弥勒寺钟声播及之处，皆长满了茂盛的芸薹菜。其中以宝塔投影之地的"学恭田"生长的芸薹菜味道最佳。人们又可以吃到又脆又甜的芸薹菜了，这"芸薹菜"就是今天的洪山菜薹。

榨菜

榨菜非榨腌成肴，娘家涪陵名声噪。
每当阳春三四月，陇上绽掀黄波涛。

——《榨菜》（现代）陈德生

拉丁文名称，种属名

榨菜（*Brassica juncea* L. var. *tumida* Tsen. et Lee.），为十字花科芸薹属一年生草本植物，又名乌江榨菜、涪陵榨菜等。

形态特征

榨菜的茎部膨大，主要叶片着生的基部有瘤状突起，形成肥大的肉质茎，俗称“菜头”或“青菜头”。肉质茎及叶片的形状，因品种而变异。肉质茎，质地细腻，失水变软，仍不糠心。

榨　菜

习性，生长环境

榨菜原产于四川，每年秋播，越冬后于春季收获。榨菜生长时对温度要求比较严格，不耐高温，也不耐寒。在早播种、苗期温度偏高的情况下，易感病毒。榨菜不能适应长时间0℃以下的低温。据观察，平均气温为23～25℃时，榨菜种子很快发芽出土，叶片生长的适宜温度为20～25℃，肉质茎形成的平均气温为13～20℃。榨菜的生长要求中等强度的光照，短日照有利于肉质茎膨大。榨菜根系较弱，耐旱和耐涝性均较差，喜湿润的土壤和空气。

二、营养及成分

榨菜质地脆嫩，风味鲜美，营养丰富，具有特殊酸味和咸鲜味，含有丰富的人体所必需的蛋白质、脂肪、矿物质等，以及谷氨酸、天门冬氨酸、丙氨酸等17种游离氨基酸。每100克榨菜中部分营养成分见下表所列。

碳水化合物	6.5克
钠	4.3克
蛋白质	2.2克
脂肪	0.3克
钾	0.4克
钙	0.2克
镁	54毫克
磷	41毫克
铁	3.9毫克
维生素C	2毫克
锌	0.6毫克
维生素B_3	0.5毫克
锰	0.4毫克
铜	0.1毫克
维生素B_2	0.1毫克

三、食材功能

性味 味辛，性温。

归经 归肺、脾、胃经。

功能

（1）榨菜具有利尿止泻、祛风散血、消肿止痛的作用。主治小便不利，腹泻、痢疾、咳血、牙龈肿痛、喉痛声哑、痔疮肿痛、漆疮瘙痒、跌打损伤、关节疼痛等病症，是民间常用的草药。

（2）榨菜能健脾开胃、补气添精、增食助神。

（3）低盐保健型榨菜，还有保肝减肥的作用。

（4）榨菜有“天然晕海宁”之说，晕车晕船者在口中放一片榨菜咀嚼，会缓解烦闷情绪；饮酒不适或过量时，食用榨菜可以缓解酒醉造成的头昏、胸闷和烦躁感。

榨　菜

四、烹饪与加工

榨菜肉丝汤

（1）材料：榨菜100克，猪瘦肉100克，油、盐、葱、料酒、鸡精、酱油、白胡椒粉、淀粉、姜、醋适量。

（2）做法：将榨菜洗净，切丝；将猪瘦肉洗净、切丝，放入酱油、淀粉、白胡椒粉、鸡精、料酒，用筷子翻拌均匀，腌制5～10分钟。锅中放油加热，油热放入葱、姜爆香，再放入榨菜丝翻炒，加入适量清水。水开后放1勺醋和适量盐，再次烧开后把腌制好的肉丝放入锅中，大火煮2分钟，即可出锅。

榨菜炒肉

（1）材料：榨菜200克，猪肉150克，花椒1克，辅料适量。

（2）做法：选择新鲜的榨菜洗净，去老皮、筋，切成约2毫米厚的长条。锅中油热后，放入花椒，待花椒变色后捞出。倒入榨菜，大火翻炒，加入适量的水，放入猪肉片及辅料（根据个人口味适量加入），炒至榨菜断生后即成。

五、食用注意

（1）食用腌制榨菜不可过量，因其含盐量高，过量食用可使人患高血压，加重心脏负担，引发心力衰竭，导致全身浮肿及腹水。

（2）孕妇要尽量少食榨菜；呼吸道疾病、糖尿病、高血压患者应少食榨菜；慢性腹泻者忌食榨菜。

榨菜来历传说

传说在涪陵长江边，有个叫“告花岩”的地方住着邱田和黄彩夫妻二人。黄彩用青菜头做成的五香咸菜十分好吃。当地一富户殷实郎办生期酒，非要求黄彩10天内做出120大碗五香咸菜不可。可五咸香菜不是十天半个月就能做得出来的，得先将鲜菜脱水。

邱田夫妇为此一宿未睡。天亮时黄彩忽然想起过年磨汤圆粉浆时，用石头榨干口袋里汤圆粉浆水分的方法，咸菜的水分可否用此法榨干呢？邱田夫妇经过数次试验，终获成功。自那以后，“榨菜”的名字就从邱家大院传出来了。

萝卜

芦菔出深土，内含霜雪清。
冷然消暑喝，快矣解朝酲。
脆白浑胜藕，顽青亦可羹。
镇州禅悦味，从此得佳名。

——《芦菔》（元）吕诚

一、物种本源

拉丁文名称，种属名

萝卜（*Raphanus sativus* L.），为十字花科萝卜属一年或二年生草本植物，又名莱菔、罗菔、芦菔、紫菘、温菘、楚菘、白萝卜等。

形态特征

萝卜高60～100厘米，直根肉质，呈长圆形、球形或圆锥形，外皮绿色、白色或红色，茎有分枝，无毛，稍具粉霜，总状花序顶生及腋生，花白色或粉红色。萝卜品种很多，依据颜色和形状可分为白萝卜、青萝卜、水萝卜、西瓜萝卜、紫萝卜、红萝卜和樱桃萝卜。水萝卜外表呈现红色，果肉为白色；樱桃萝卜体型较小，适应能力强，四季均可种植，其形状与樱桃相似，所以起此名。

萝　卜

习性，生长环境

萝卜属于半耐寒性蔬菜，喜温和凉爽、温差较大的环境气候。萝卜虽然根系较深，但叶片较大，故不耐旱。萝卜以生长在土层深厚且土质疏松，丰水与保水、保肥性能良好的沙壤土里为最好。

萝卜起源于欧亚温暖海岸的野萝卜，是悠久古老的栽培蔬菜。目前在我国各地均有栽培，主要分布于我国南方的热带和亚热带地区。

二、营养及成分

萝卜营养丰富，含有丰富的碳水化合物和多种维生素，其中维生素C的含量比梨高8～10倍，还含有大量的植物蛋白、维生素A和叶酸。每100克萝卜中部分营养成分见下表所列。

碳水化合物	5克
膳食纤维	1克
蛋白质	0.9克
脂肪	0.1克
钙	26毫克
维生素C	21毫克
维生素A	3毫克

三、食材功能

性味 味辛、甘，性凉。

归经 归肺、脾经。

功能

（1）增强免疫力。萝卜含有丰富的维生素C和微量元素锌，有助于增强机体的免疫功能，提高抗病能力。

（2）生津止渴。萝卜润喉去燥，使人清爽舒适。适宜口干、眼干、思虑过度、睡眠不足的人群。

（3）化痰止咳。萝卜对咽喉部有良好的湿润和物理治疗作用，有利于局部炎症治愈，并能缓解局部痒感，从而阻断咳嗽反射。

（4）止血凉血。萝卜含有大量胶质，可促进血小板生成，有止血功效。

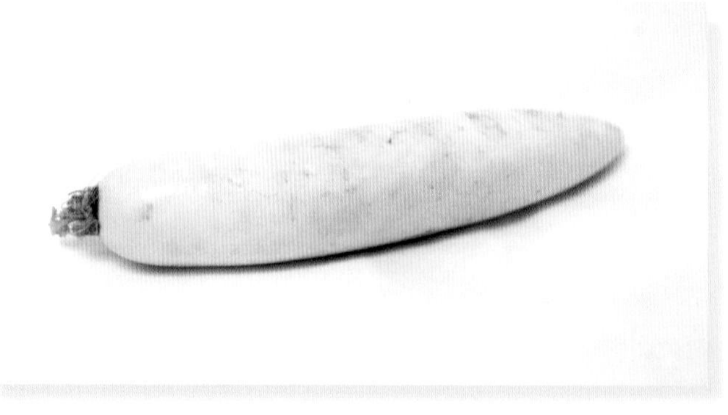

萝　卜

四、烹饪与加工

萝卜鲫鱼汤

（1）材料：鲫鱼3条，萝卜半根，葱1根，姜1块，香菜1把，盐、胡椒粉、油适量。

（2）做法：鲫鱼去肠洗净，用厨房用纸吸干水分。热锅下油，待油热至六成，放入鲫鱼。鱼煎好后，往锅中加热水，放上葱结、香菜，大火烧开转小火炖煮至汤汁香浓。萝卜切丝，用淡盐水浸泡。鱼汤炖煮40分钟后，下萝卜丝，加盐和胡椒粉调味，萝卜丝熟透后出锅，再加些香菜和小葱碎即可。

萝卜炖肉

（1）材料：萝卜1根，五花肉150克，老抽、生抽、白糖、料酒、生姜、葱适量。

（2）做法：五花肉汆水，切块，萝卜去皮切块。热锅下油，煸炒葱段、姜片，炒出香味，加入肉块，中小火煸炒至表面微微发黄，加入老抽，料酒翻炒上色。加入热水烧开，改小火炖1小时左右，将萝卜加入肉汤中，再加入生抽、白糖，小火炖半小时左右出锅。

萝卜干

（1）预处理：将萝卜削去根叶基部，用软刷或稻草搓洗干净。

（2）细加工：萝卜除去须根，切成条状之后用腌菜坛或大木桶腌制，每隔24小时翻动一次，随后在上面压上石头使盐水淹没萝卜条，约3天后取出萝卜条，散放在晒席上。

（3）成品：在阳光下暴晒至质量为切条时的20%即可。

五、食用注意

（1）气虚的人不宜大量食用萝卜。

（2）萝卜具有行气、消滞、通便的功效，腹泻者食用不利于病情恢复。

（3）萝卜性凉，脾胃虚寒、慢性胃炎、胃溃疡等患者不宜食用。

（4）萝卜有下气和消滞的作用，因此食用萝卜会影响补气类药物（如人参、黄芪）的补益作用。

天下第一家

江苏农村过春节请客时桌上总少不了一盘萝卜。这盘寓意吉祥的萝卜背后，有一个乾隆与“天下第一家”的故事。

相传乾隆南巡路过扬州城郊时，看到这里树木成林、牛马成群，远处还有一片瓦房。乾隆信步来到近前，抬头一看，大院正门上额挂着一块横匾，上写着“天下第一家”五个斗大的金字。乾隆心里一怔，自语道：“好大的口气，就连我这个一朝人皇之主，也没有如此自称。这等狂妄，我倒要看个究竟！”

乾隆心里嘀咕着，迈步走进第一道门。门里迎出一位老人，胡子白如雪，拖到肚脐。一番攀谈之后，乾隆明白了。原来这户人家个个长寿，已是六世同堂。年纪最长的便是这位长者，已经一百五十岁了；年纪最小的十来岁，是个绿褂红裤、头扎双髻的小子。

回到京城后乾隆心想，长寿令人羡慕，但若无才无德，也是虚度时光，于世无益。于是，他想考考这家人的才德，提起御笔写了道圣旨，还赐了一物，派钦差直送“天下第一家”。

圣旨一到，全家老少一百多口人都跪倒接旨、受赐。你猜赏赐的是什么吗？原来是一个手指大的萝卜。圣旨上写得清楚，要叫“天下第一家”的当家的，把这个小萝卜分给全家一百多口人吃，还要让人人吃到、个个吃饱。这可变成了天大的难题。皇命难为，吓得全家脊梁骨上冒冷气。这时，只见那个十来岁的小子跑过来说：“把萝卜捣烂，放在大荷花缸内用水煮。全家一起喝萝卜汤，个个喝足。”按孩子所说煮好萝卜汤后，全家人根据长幼顺序排队喝汤，果真人人吃到、个个喝饱。

钦差大臣回京交旨，述说经过，乾隆叹服："果然才德兼备，不愧是'天下第一家'。"后来，萝卜上宴席要放在首席，一是对首席贵客表示尊重；二是暗示首席之人才德兼备。

萝卜缨子

萋萋萝卜缨，甘肥对头星。
古人菜根意，一食抵万金。

——《莱菔缨》（清）陈菘

一、物种本源

拉丁文名称，种属名

萝卜缨子（*Raphanus sativus* L.），为十字花科植物萝卜的基生叶，即萝卜长出的叶子，又名莱菔叶、莱菔菜、来福菜、萝卜甲、莱菔甲等。

形态特征

叶为基生叶，为单叶，在营养生长期丛生于短缩茎上。叶色有淡绿、浓绿、亮绿、墨绿色，叶柄与叶脉也有绿、红、紫等色。叶片、叶柄多有茸毛，中肋粗大，正面有沟。叶片在形态上分板叶和花叶两种，叶片伸展方式有直立、平展和下垂等多种，叶的形状、大小、色泽与叶丛伸展的方式等因品种而异。

习性，生长环境

萝卜为半耐寒性蔬菜，喜温，不耐旱，萝卜茎叶生长的适宜温度为5～25℃，在营养生长期需要较长时间的强光照。萝卜在不同生长期的需水量有较大差异，在发芽期和幼苗期需水不多，但也不宜太少，适于肉质根生长的土壤有效含水量为65%～80%。

萝卜缨子

二、营养及成分

萝卜缨子含有碳水化合物、蛋白质、膳食纤维、脂肪，此外还含有维生素A、维生素B_1、维生素B_2、维生素B_3、维生素C、维生素E及钾、钠、铁、钙、硒等营养物质。每100克萝卜缨子中部分营养成分见下表所列。

碳水化合物	4.7克
蛋白质	3.1克
膳食纤维	2.9克
脂肪	0.1克

三、食材功能

性味 味苦、辛，性凉。

归经 归肺、胃经。

功能

（1）补充维生素。萝卜缨子所含有的维生素A是绿叶菜的3倍，维生素C的含量是柠檬的10倍之多，维生素B_1是豆豉的5倍，维生素B_2是牛肉的8倍。因此，食用萝卜缨子可补充维生素，同时萝卜缨子可抗尿酸盐结晶，有效防止骨头粗大。

（2）保护眼睛。萝卜缨子还含有较高的钼，钼是组成眼睛虹膜的重要成分。因此，萝卜缨子有一定的预防近视眼、老花眼、白内障的作用。

（3）消食健胃。萝卜缨子的膳食纤维含量很高，并且所含的芥子油和粗纤维，可促进肠胃蠕动，还有抗菌消炎的作用，可预防便秘；其味道有点辛辣，带点淡淡的苦味，可以助消化、理气、健胃。

（4）其他作用。萝卜缨子可治胸膈痞满、食滞不清、泻痢、喉痛、妇女乳肿、乳汁不通等症。

萝卜缨子

四、烹饪与加工

萝卜缨炒鸡蛋干

（1）材料：萝卜缨子500克，鸡蛋干1块，蒜3瓣，红辣椒1个，油、盐适量。

（2）做法：将萝卜缨子和鸡蛋干洗净。锅内烧水，放入适量的盐和少许油，将萝卜缨子焯水，变色后捞出切成小块，鸡蛋干放入锅里焯煮1分钟，捞出切片。热锅下油，放入蒜末和红辣椒爆香，再放入鸡蛋干翻炒1分钟，放入切碎的萝卜缨子，大火翻炒3分钟，加入适量的盐调味，翻炒均匀即可盛入盘中。

萝卜缨饺子

（1）材料：萝卜缨子500克，猪肉200克，饺子皮3斤，盐、生抽、蚝油、料酒、葱、姜适量。

（2）做法：萝卜缨子焯水，剁碎，用纱布攥去水分。猪肉、姜、蒜切成末，倒入切碎的萝卜缨子，加入盐、料酒、生抽、老抽，搅拌均匀，即成萝卜缨饺子馅料。用饺子皮包好馅料，即成饺子，沸水下锅大火煮5分钟左右即可。

脱水萝卜缨

（1）预处理：选出鲜嫩的萝卜缨子。

（2）细加工：将萝卜缨子洗净，放入含有盐的沸水里“杀青”，再把冷却后的萝卜缨子放入甩干机甩干脱水，用热风机进行烘干。

（3）成品：最后平摊或挂在绳子上自然风干即可。

五、食用注意

（1）萝卜缨子为寒凉性蔬菜，凡偏寒阴盛体质者不宜食用。

（2）患胃溃疡、十二指肠溃疡及慢性胃炎者宜少食或不食萝卜缨子。

（3）凡服用补益中药者宜暂停食用萝卜缨子。

（4）子宫脱垂和有先兆流产者不宜食用萝卜缨子。

（5）消化不良、大便溏薄者不宜食生腌萝卜缨子。

萝卜缨救乾隆

相传乾隆皇帝突然得了一种怪病，食欲不振，茶饭不思。可是这乾隆皇帝是个勤政爱民的好国君，不顾病体，依旧天天上朝理政，结果日渐消瘦，把皇太后给心疼坏了，赶紧召集众太医集思广益。

太医们会诊之后，商议半天，也没有对策。三天过去，乾隆喝了好几种药汤也不见疗效。太医们急得像热锅上的蚂蚁一样团团乱转。正在危急关头，江西贵溪龙虎山世袭张天师奉旨到京城接受加封。拜见乾隆时，得知龙体欠安，问明病情后，便对太医说："皇上过食甘脂，需降脂消食。可叫御膳房一日三餐，以红、白、青萝卜缨轮流佐餐，七日后必见效。"太医们将信将疑，在无可奈何的情况下，只好依照世袭张天师的话去办。

果然，三日后皇帝病情有了转机，五日后病情好转，七日后开胃思食。太医们都感叹，这小小萝卜缨竟救了天子的命，当然，也救了太医们的命。

生菜

一剥再剥层层剥，越剥越嫩越快乐。
清肝利胆兼养胃，常食神经不衰弱。

——《食生菜》（现代）赵度

一、物种本源

拉丁文名称，种属名

生菜（*Lactuca sativa* L. var. *ramosa* Hort.），为菊科莴苣属一年生或二年生草本植物，又称叶用莴苣、鹅仔菜、莴仔菜、唛仔菜等。

形态特征

生菜依叶的生长形态可分为结球生菜、皱叶生菜和直立生菜。结球生菜主要特征是它的顶生叶形成叶球。皱叶生菜的主要特征是不结球，叶片长卵圆形，叶柄较长，叶缘波状有缺刻或深裂，叶面皱缩，簇生的叶丛有如大花朵一般。直立生菜的主要特征是叶片狭长，直立生长，风味较差。

习性，生长环境

生菜喜欢冷凉环境，既不耐寒，又不耐热，适宜生长在15~20℃的环境中；生菜根系发达，叶面有蜡质，耐旱力强，在肥沃湿润的土壤上栽培，产量高、品质好。土壤pH值以5.8~6.6为宜。

生菜原产于欧洲地中海沿岸，目前，在我国各地均有栽培。

生　菜

二、营养及成分

生菜营养物质含量丰富，含有大量膳食纤维、β–胡萝卜素、维生素B_1、维生素B_6、维生素C、维生素E和矿物质元素，并含有甘露醇等物质。每100克生菜中部分营养成分见下表所列。

碳水化合物	2.1克
蛋白质	1.4克
膳食纤维	0.6克
胡萝卜素	0.4克
维生素A	60毫克

三、食材功能

性味 味苦，性凉。

归经 归胃、肠经。

功能

（1）减肥，补充维生素。生菜的热量很低，比大多数蔬菜所含的热量都要低，并且水分含量也低，因此非常适合减肥者食用。

（2）催眠，利尿。生菜中含有莴苣素，具有催眠、降低胆固醇的作用，有助于改善睡眠；生菜含有甘露醇，具有利尿和促进血液循环的作用；生菜还有清热提神、清肝胆的功效。

（3）调节人体酸碱平衡。生菜是碱性蔬菜，可以与五谷杂粮以及肉类等酸性食物中和，具有调节人体体液酸碱平衡的作用。

（4）调理肠胃。生菜能够加强蛋白质和脂肪的消化与吸收，改善肠胃的血液循环。

生　菜

四、烹饪与加工

蒜蓉生菜

（1）材料：生菜500克，蒜10瓣，盐、油适量。

（2）做法：将生菜洗净，蒜切碎备用。锅里加热放油，油热后放入蒜蓉爆香，再放入生菜，炒至变色，加入适量盐炒匀即可。

蚝油生菜

（1）材料：生菜300克，大蒜2瓣，蚝油、油适量。

（2）做法：将生菜洗净后，大蒜切碎。把生菜放入蒸锅内，开中火，盖上锅盖焖3分钟，取出后沥干水分，放入盘内。炒锅内倒入油，放蒜末炒香，加蚝油和清水，拌匀后淋到生菜上即可。

生菜汁

（1）预处理：将新鲜的生菜放入清水浸泡片刻，再清洗干净。

（2）细加工：锅里放入清水，烧开，把生菜放入开水焯30秒。捞出沥干水分，再倒入榨汁机中，加入适量的温开水，选择果蔬功能，50秒左右按停止键结束。

（3）成品：把搅打好的生菜汁滤去残渣即可。

五、食用注意

（1）生菜性凉，故尿频、胃寒之人应慎食。

（2）生菜可能含有农药化肥的残留物，生吃前一定要清洗干净并且晾干。

（3）生菜对乙烯极为敏感，储藏时应远离苹果、香蕉、梨，以免诱发赤褐斑病。

（4）生菜中的维生素C在高温下易流失，应尽量减少生菜的烹饪时间。

金镶碧玉胸花

相传，薛丁山征西的时候，遇到了巾帼英雄——樊梨花。两军对垒，双方大战七日七夜仍旧势均力敌。薛丁山与樊梨花阵前大战三百余回合，也难分胜负。樊梨花见薛丁山白马银枪，英勇善战，而且还是个英俊的美少年，不禁心中萌生爱意，敢爱敢恨的樊梨花有意阵前招亲。

这天两军对阵之时，樊梨花说出自己对薛丁山的爱慕，表明了招亲之意。薛丁山满脸涨得通红，二话不说，便催马挺枪杀了过去。樊梨花一个不留神，被薛丁山一枪刺落了金镶碧玉胸花。樊梨花恼羞成怒，在空中祭起师傅移山老母给她的制胜法宝——“捆仙索”，将薛丁山捆得像扎紧的粽子，带回大营。

薛丁山被擒之后，感受到了樊梨花的纯真率直，也渐渐落入情网，终于接受招亲。二人结发之后，同去战场寻找丢失的金镶碧玉胸花，却发现金镶碧玉胸花早已不见踪影，此地已长满柔嫩水灵、碧叶白边的生菜。

再后来，二人被武则天降罪杀害后，这些生菜的根都变成红色，仿佛被薛丁山和樊梨花的鲜血浸染过一般。

茼蒿

差比菊英，宁同萧艾。
味荐盘中，香生物外。

——《茼蒿》（清）成鹫

一、物种本源

拉丁文名称，种属名

茼蒿（*Chrysanthemum coronarium* L.），为菊科茼蒿属一年或两年生草本植物，食用部分为其嫩叶茎，又名蓬蒿、菊花菜、蒿菜、蒿子杆、蒿子毛、春菊、蓬蒿菜、同蒿等。

形态特征

茼蒿叶互生，长形羽状分裂，花为黄色或白色，与野菊花很像。茼蒿高二三尺，茎叶嫩时可食。

习性，生长环境

茼蒿属于半耐寒性蔬菜，对光照要求不严，土壤相对湿度保持在70%~80%时有利于其生长。

我国普遍栽培的茼蒿有大叶和小叶两大形态类型。大叶茼蒿又叫板叶茼蒿或圆叶茼蒿，叶宽大，叶片缺刻少而浅，品质佳，产量高，栽培范围比较广；小叶茼蒿又叫花叶茼蒿或细叶茼蒿，叶狭小，叶片缺刻多而深，香味浓，产量低，栽培比较少。茼蒿原产于地中海，目前在我国各地均有栽培。

二、营养及成分

茼蒿含有碳水化合物、蛋白质、膳食纤维、脂肪、胡萝卜素、维生素A、维生素B_1、维生素B_2、维生素B_3、维生素C、维生素E及矿物质钙、铁、磷等营养物质。每100克茼蒿中部分营养成分见下表所列。

碳水化合物	4.5克
蛋白质	1.9克
膳食纤维	0.6克
脂肪	0.3克

三、食材功能

性味 味甘、辛，性平。

归经 归脾、胃经。

功能

（1）安神健脑。茼蒿气味芳香，含有丰富的维生素、胡萝卜素及多种氨基酸，具有养心安神、稳定情绪、降压护脑、防止记忆力减退等功效。

（2）消肿利尿。茼蒿含有多种氨基酸、脂肪、蛋白质及较高含量的钠、钾等矿物质，能调节体内水液代谢，可消除水肿、利水通便。

（3）清肺化痰。茼蒿富含维生素A，经常食用有助于抵抗呼吸系统的感染，润肺消痰。茼蒿特殊的芳香气味有助于平喘化浊。

（4）预防便秘。茼蒿中丰富的膳食纤维有助于促进肠道蠕动，帮助人体及时排除有害毒素，达到通腑利肠、预防便秘的目的。

（5）促进食欲。茼蒿中含有多种挥发性物质，它们所散发的特殊香味有助于增加唾液的分泌，能够促进食欲，消食开胃。

四、烹饪与加工

茼蒿瘦肉汤

（1）材料：茼蒿300克，猪瘦肉200克，姜3片，盐、油、生抽适量。

（2）做法：茼蒿用盐水泡10分钟，洗净沥干水分待用。切好的肉片放入盐、生抽、油中腌制1小时。锅内烧水，放姜、肉片，大火煮开，撇掉浮沫，转中火煮8分钟。最后放入茼蒿煮熟（开盖煮），加盐调味即可。

茼蒿瘦肉汤

凉拌茼蒿

（1）材料：茼蒿500克，蒜3瓣，干辣椒2个，生抽、老抽、醋、盐适量。

（2）做法：茼蒿洗净后将叶子和茎分开，锅内烧水，水开后先放茼蒿茎煮1分钟，再放入叶子，煮熟后一起捞出，沥干水分。蒜切末，凉锅倒油，放入蒜末、盐、老抽、生抽和干辣椒，炸出香味，放入煮熟的茼蒿搅拌，拌好后，加点醋即可装盘。

凉拌茼蒿

茼蒿膳食纤维粉

（1）预处理：采摘新鲜的茼蒿，人工挑选剔除发黄、霉烂部分。

（2）细加工：将挑选出的茼蒿洗净，放入碎解机中碎解，再静置进行浆渣分离，分离出粉末状沉淀物。

（3）成品：沉淀物干燥后即可包装成品。

五、食用注意

（1）茼蒿气浊，不宜多食，多食易动风气、熏人心，令人气满。

（2）寒痢泄泻患者应禁食茼蒿。

（3）烹调茼蒿前不宜用水浸泡或先切后再泡洗，否则会使水溶性维生素损失殆尽。

（4）大便溏薄之人忌食茼蒿。

（5）阴虚发热者不宜食用茼蒿。

（6）茼蒿中的芳香精油遇热易挥发，会减弱茼蒿的健胃作用，所以烹调时应注意用旺火快炒。

茼蒿救杜甫

相传，茼蒿原是终南山山顶上的一株能治百病的仙草。南极仙翁悲悯苍生，决定用这株仙草为百姓谋福。于是仙翁将仙草熬成药汤，命鹿童送往人间，给百姓消灾治病。

这个消息被八仙中的铁拐李知晓，于是他想找鹿童要上一点，好治自己的瘸腿。可是鹿童死活不给，说铁拐李是仙界之人，这药汤是为凡人所准备的。铁拐李苦苦相求，没想到这鹿童也是个死脑筋，非但一点不通融，还亮出武器与铁拐李打了个天昏地暗。铁拐李毕竟得道已久，小小鹿童岂是他的对手。为了不让铁拐李得逞，鹿童竟将药汤一饮而尽，只剩下散发着苦涩味道的草渣。铁拐李看着药渣摇了摇头，一气之下，将仙草药渣扔向茫茫大地。

撒向人间的药渣落在了湖北公安，长出一片蒿草。此时大诗人杜甫正落难于此，因战乱严重，杜甫几天都找不到吃的，饿得都走不动路。看见这绿油油的蒿草，就准备摘回去充饥。一位农妇见他可怜，就又送了些米粉给杜甫。杜甫回家将蒿草与米粉同煮，没想到味道鲜美。吃了几日，竟然连咳嗽都好了。杜甫赶紧去找那个农妇道谢，说米粉和蒿草不但救了自己的命，还治好了自己的病。

后来，一传十，十传百，大家都开始吃这种蒿草，这就是现在的茼蒿。人们为了纪念杜甫，将茼蒿称为“杜甫菜”。

莜麦菜

凤尾莜麦展新蔬，鲜嫩欲滴透玲珑。
莴笋生菜基因种，一变再变味更浓。

——《莜麦菜》（现代）吴是

一、物种本源

拉丁文名称，种属名

莜麦菜（*Lactuca sativa* L. var. *longifolia* f. Lam.），为菊科莴苣属一年生草本植物，又名油荬、香水生菜、牛俐生菜、凤尾莴苣、油麦菜、薹菜、凤尾菜等。

形态特征

莜麦菜是以嫩梢、嫩叶为可食部分的尖叶型叶用莴苣，叶片呈长披针形，色泽淡绿，生长形态有“雉尾”“凤尾”之称，口感极为鲜嫩、清香。

习性，生长环境

莜麦菜既耐热又耐寒，适应性强，喜湿润。品质甜脆，纤维少。全国各地多有栽培。

莜麦菜

二、营养及成分

莜麦菜中含有维生素A、维生素B_1、维生素B_2、维生素B_3、维生素C、胡萝卜素、乳酸、苹果酸、琥珀酸、莴苣素、天冬碱等，还含钙、磷、铁、镁、铜、锌、锰、钾、钠、硒等矿物质。每100克莜麦菜中部分营养成分见下表所列。

碳水化合物	2.1克
蛋白质	1.4克
膳食纤维	0.6克
脂肪	0.4克

三、食材功能

性味 味苦，性寒。

归经 归胃、肠经。

功能

莜麦菜

（1）降脂减肥。莜麦菜中膳食纤维含量丰富，可以消除脂肪，降低胆固醇，有效降低机体血脂。由于莜麦菜可消脂通便，又是低热量蔬菜，因此吃莜麦菜也可减肥瘦身。

（2）促进血液循环。莜麦菜中含有甘露醇等成分，有利尿和促进血液循环的作用。

（3）静心安神。莜麦菜中含有的

莴苣素有镇静安神的作用，经常食用莜麦菜有助于缓解神经紧张，改善睡眠，调节神经衰弱等。

（4）补充矿物质。莜麦菜的营养价值比生菜高，更远远优于莴苣，其所含矿物质十分丰富。如钙含量比生菜和莴苣分别高1.9倍和2倍，铁含量比生菜和莴苣分别高50%和33%，锌含量比生菜和莴苣分别高86%和33%，硒含量比生菜和莴苣分别高22%和180%。

（5）其他作用。莜麦菜有健脑、利二便、助消化的功效，有利于肠道消化、增进食欲、美容保健，对新陈代谢也有帮助。

四、烹饪与加工

凉拌莜麦菜

（1）材料：莜麦菜300克，大蒜4瓣，蚝油、油、生抽适量。

（2）做法：莜麦菜洗净切段，锅内加水，加热至沸腾，放入莜麦菜，1分钟后捞起，沥干水分。大蒜切碎，放入碗内，加入蚝油、糖、醋，搅拌均匀，即成调料汁。莜麦菜放入大碗中，加入调料汁，拌匀装盘即可。

爆炒莜麦菜

（1）材料：莜麦菜400克，蒜、葱、姜、油、盐、老抽、鸡精适量。

（2）做法：莜麦菜洗净备用，葱切成小段，蒜切成碎末。锅里放油，油热后加入葱、姜，倒入老抽，再放入莜麦菜，大火翻炒3分钟，加入适量的盐、蒜末和鸡精，翻炒均匀即可出锅装盘。

白灼莜麦菜

（1）材料：莜麦菜300克，大蒜4瓣，油、蒸鱼豉油适量。

（2）做法：将莜麦菜清洗干净，切成小段，大蒜切末备用。锅里烧水，滴几滴油，水开之后下入莜麦菜焯水10~20秒，关火把莜麦菜捞出，过凉开水，摆盘。锅里烧油，油热倒入蒜泥，煸出香味，然后把油和蒜泥都倒在莜麦菜上。最后淋上蒸鱼豉油即制作完成。

五、食用注意

（1）莜麦菜性偏寒，凡脾胃虚寒、大便溏泄者不宜多食。

（2）莜麦菜加热时间不可过长。

（3）莜麦菜含有草酸和嘌呤，有禁忌者应少食。

（4）莜麦菜不可用铜器皿烹制和存放，防止维生素C损失。

千杯不醉凤尾菜

舜出生不久母亲就去世了，舜的爹名叫瞽叟，瞽是瞎的意思。可这老头儿不光眼睛不好使，脑子也不好使。

瞽叟在舜的娘死后续了弦，新娶的夫人人品很差，生下一子叫象，跟他妈妈一样坏。瞽叟竟然也伙同夫人和这个小儿子，一起欺负舜。可是舜在这种环境下不断成长，人品好，口碑也很好，深得百姓喜爱，尧也把自己的女儿嫁给了舜。

尧对舜家里的事情也有所耳闻，于是在舜带媳妇回家之前给了他一只凤尾，说："紧要时候拿出凤尾，会保你性命。"

另一边，舜家里那三个坏坯想趁舜这次回家把他害死。舜一到家，瞽叟就让他修谷仓，想趁机烧死舜。熊熊大火中，舜拿出凤尾，结果化为凤凰，飞上青天。第二次，小儿子象要请舜回家吃饭，打算把舜灌醉了，亲手杀死他。舜知道其中有诈，让妻子将凤尾插于后院菜园。第二天早上，菜园里长满凤尾一样绿油油的菜。妻子清炒了一盘，舜吃完后便去赴宴。象和瞽叟主动劝酒，舜来者不拒，千杯不醉。结果象和瞽叟都醉成了烂泥，甭说举刀，举手都没戏。于是舜安然回家，化险为夷。舜离开的时候，一点也没责怪自己的父亲和弟弟，反而送上自己带来的礼物，还叮嘱父亲要保重身体。尧得知后，被深深打动，于是传王位于舜。

那令人千杯不醉的菜就是今天的莜麦菜，也叫作凤尾菜。

莴苣

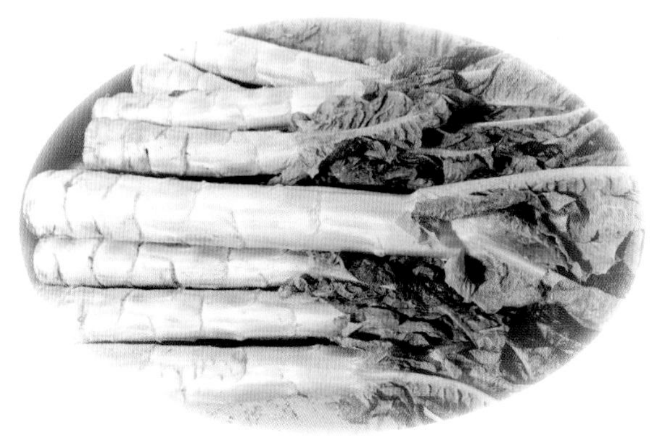

日午醒来带睡痕，春卷莴苣荐盘飧。
菜叶漂泊碗见底，勤勉方能蔬满盆。

——《春食莴苣》（现代）杨兰

一、物种本源

拉丁文名称，种属名

莴苣（*Lactuca sativa* L. var. *angustata* Irish. ex Brem.），为菊科莴苣属一年或二年生草本植物，食用部分为其嫩茎叶，又名莴笋、莴苣笋、香乌笋、生笋、白笋、千金菜、莴菜、藤菜、石苣、千层剥等。

形态特征

莴苣地上幼嫩茎翠绿，成熟后转变为白绿色。茎肉质脆嫩，折之有白汁黏手，茎直立、光滑无毛、肥大如笋，故名莴笋。

根据莴苣叶片形状可分为尖叶和圆叶两种类型。尖叶品种有北京紫叶莴笋、陕西尖叶白笋、成都尖叶子、重庆万年桩等。圆叶品种有北京鲫瓜笋、成都挂丝红、济南白莴笋、陕西圆叶白笋、南京紫皮香、湖南锣锤莴笋等。依茎叶的色泽又有白莴苣、青莴苣和紫莴苣之分。

习性，生长环境

莴苣喜冷凉气候，耐热力、耐寒力强，需肥量较大，以含沙质壤土为优。莴笋原产于地中海沿岸，目前在我国各地均有栽培。

莴　苣

二、营养及成分

莴苣中含有特有的莴苣素、苹果酸、乳酸、天门冬碱、琥珀酸等。每100克莴苣中部分营养成分见下表所列。

碳水化合物	2.2克
蛋白质	1克
膳食纤维	0.6克
钾	0.2克
脂肪	0.1克
磷	48毫克
钠	36.5毫克
钙	23毫克
镁	19毫克
维生素C	4毫克
铁	0.9毫克
维生素B_3	0.5毫克
锌	0.3毫克
维生素E	0.2毫克
锰	0.2毫克
铜	0.1毫克

三、食材功能

性味 味苦，性凉。

归经 归肠、胃经。

功能

（1）提高糖代谢能力。莴苣中碳水化合物的含量较低，而无机盐、维生素含量较丰富，尤其是含有较多的维生素B_3。维生素B_3是胰岛素的激活剂，可改善糖的代谢功能。

莴　苣

（2）防治贫血。莴苣中含有一定量的微量元素锌、铁，特别是铁元素很容易被人体吸收，经常食用新鲜莴苣，可以防治缺铁性贫血。

（3）通便利尿。莴苣中含有大量的钾元素，有利于体内的水盐平衡，能维持心脏节律，促进排尿。

（4）减肥瘦身。莴苣有刺激消化液分泌、促进胃肠蠕动等功能。莴苣含水量高、热量低。因此，如果需要减轻体重者可以在食谱中加入莴苣来缓解饥饿感，达到减肥的目的。

（5）其他作用。莴苣含钙多，故能补筋骨，特别是小儿常吃莴苣，对换牙、长牙有帮助。莴苣嫩茎折断后流出的白浆有安神催眠的作用，并可增加胃液、胆汁分泌，帮助消化。

四、烹饪与加工

蒜蓉莴苣

（1）材料：莴苣500克，蒜6瓣，橄榄油、盐适量。

（2）做法：准备新鲜的莴苣，去皮，洗净后切长条。蒜切末。热锅倒油，放蒜末爆香，倒入切好的莴苣条，爆炒3分钟，放盐炒匀，即可出锅装盘。

莴苣炒蛋

（1）材料：莴苣500克，鸡蛋2个，蒜2瓣，蚝油、油、盐适量。

（2）做法：莴苣洗净去皮后斜切成块状，再切成薄片。鸡蛋打散放入碗中备用。锅里热油，倒入蛋液煎熟，用筷子划散后盛出备用。锅里倒油，加热，放蒜末爆香。放入莴笋片，翻炒2分钟后加盐调味。最后倒入炒好的鸡蛋，加少许蚝油，翻炒均匀即可出锅。

莴苣脯

（1）预处理：选新鲜、个体较大的莴苣，洗净，削去外皮，切去根部较老的部位和上部过嫩的部分，切成长条。

（2）细加工：将莴苣条放入石灰水中浸泡，进行硬化处理，洗净后，放入沸水中煮5~8分钟，冷却后捞出，放入含质量分数为0.2%的亚硫酸钠护色液中浸泡护色，再放入质量分数为50%的糖液中，浸泡2天后放入质量分数为60%的糖液中煮沸15~25分钟。最后将糖制好的莴苣条捞出，沥净糖液后均匀地摆在烘盘上，在65~70℃下烘烤12~16小时。将烘好的产品，放入25℃左右的室内，回潮24小时。

（3）成品：将回潮后的莴苣脯用食品袋包装，贮存于阴凉干燥处，即开即食。

五、食用注意

（1）莴苣不宜切碎冲洗食用，否则会造成大量的水溶性维生素损失，使营养成分流失。

（2）莴苣中含有草酸和嘌呤，痛风患者应少食。

（3）脾胃虚寒、腹泻者，不宜食用莴苣。

金龙食莴苣

五代时有个僧人名为卓菴，以种菜卖钱度日。

一天午休时卓菴做了一个梦，梦见一条金龙吃掉了自己所种莴苣数畦。出家人惊醒后，自言自语道："一定有贵人到此。"便起身走向后院，一抬头真看见一魁伟男子，正在梦中所见的菜地取莴苣吃。

出家人惊异万分，驻足端详。只见此人相貌不凡，不是泛泛之辈。再加上梦中所示，出家人不敢怠慢。赶紧穿上衣服，也没问询，就很恭敬地摘取莴苣数畦，馈赠于他。二人也没攀谈几句，那魁伟男子收好莴苣便要告辞。出门时，魁伟男子向出家人叮嘱道："富贵不相忘！"

出家人又把做梦之事说了出来。魁伟男子说："我若他日得志，愿为师父在此地建一处大寺院。"

若干年后，这个魁伟男子真的回到这里，出家人也还在人世。魁伟男子就是宋太祖赵匡胤，遂命人建寺，赐名"普安都"，人称道者院。

芦蒿

竹外桃花三两枝，春江水暖鸭先知。
蒌蒿满地芦芽短，正是河豚欲上时。

——《惠崇春江晚景二首（其一）》
（北宋）苏轼

一、物种本源

拉丁文名称，种属名

芦蒿（*Artemisia selengensis* Turcz. ex Bess.），为菊科蒿属多年生草本植物，又名蒌蒿、水蒿、柳蒿、驴蒿、藜蒿、香艾、小艾、水艾、瘦人草等。

形态特征

芦蒿植株具清香气味，主根不明显或稍明显，具多数侧根与纤维状须根；茎稍粗，直立或斜向上，有匍匐地下茎。

芦蒿按其嫩茎的颜色，可分为白芦蒿、青芦蒿、红芦蒿；按其叶形可分为大叶芦蒿（柳叶蒿）、碎叶芦蒿（鸡爪蒿）。

习性，生长环境

芦蒿是春季时令蔬菜，湿中生，耐阴性，多生于水边堤岸或沼泽地中。

芦　蒿

我国食用芦蒿历史悠久，在《诗经》中就有“呦呦鹿鸣，食野之蒿”的记载。目前，芦蒿在我国大部分地区均有栽培。

二、营养及成分

每100克芦蒿中部分营养成分见下表所列。

碳水化合物	9克
膳食纤维	4.5克
蛋白质	3.6克
脂肪	0.6克

除含有上述主要营养成分外，芦蒿中还含有维生素A、维生素B_1、维生素B_2、维生素B_5、维生素C、胡萝卜素、天门冬氨酸、谷氨酸、赖氨酸和磷、铁、钙、钾、硒等。

三、食材功能

性味 味甘、辛，性凉。

归经 归脾、胃、肝经。

功能

（1）保护血管。芦蒿中含有大量的类黄酮和总黄酮，对心脑血管有很好的保护作用，能减少中风和冠心病的发生。此外，可降血压、降血脂，预防动脉硬化。

（2）清肠通便。排毒是芦蒿的重要功效之一，芦蒿中含有大量的植物纤维素，能清除人体内的多种毒素，加快肠胃蠕动，促进人体内宿便排出，具有预防便秘和良好的排毒功效。

（3）其他作用。芦蒿具有利膈、开胃、行水清心、明目、护肝等作用，有益于胃气虚弱、浮肿及河豚中毒等病症的食疗康复，另有防治牙病、喉病等作用。

| 四、烹饪与加工 |

茶干炒芦蒿

（1）材料：芦蒿500克，茶干200克，干辣椒2个，油、盐适量。

（2）做法：茶干切段。芦蒿掐成寸段，置于清水浸去涩味，再用盐腌渍1分钟，炒食时才会既入味又脆嫩。锅内置油，油热放入干辣椒，将芦蒿倒入锅中略煸去水分，再放入茶干，在锅内翻炒几下再放入盐调味即可。

腊肉炒芦蒿

（1）材料：芦蒿500克，腊肉150克，红辣椒1个，油、盐、生抽、料酒、鸡精适量。

（2）做法：腊肉蒸一下去油，取出切薄片，蒜切片、红辣椒切丝、芦蒿切段。锅烧热放入适量油，放入蒜片煸香，再倒入腊肉片，煸炒出香味，腊肉出油后放入芦蒿段和红辣椒丝，加适量料酒快速煸炒，再放入盐、鸡精、生抽调味，翻炒均匀即可出锅装盘。

茶干炒芦蒿

芦蒿脆菜

（1）预处理：将芦蒿洗净后切成段。

（2）细加工：将芦蒿段加入食盐搅拌均匀，经高温蒸或水煮后冷却，再脱水干燥，制成蒿干，在脱水干燥后的蒿干中加入调味汁搅拌均匀。

（3）成品：待蒿干冷却后即得成品。

五、食用注意

（1）因芦蒿中钠的含量较高，故糖尿病、肥胖病、肾脏病、高血脂等慢性病患者慎食。

（2）老人、缺铁性贫血患者应少食芦蒿。

（3）脾胃虚寒者应少食芦蒿。

千年芦蒿情

芦蒿走上老百姓餐桌，已有上千年的历史了。据说当年共工被祝融打败，一气之下撞倒不周山。一时间暴雨倾盆，火山爆发。女娲娘娘为救百姓于水火，遍采芦蒿为燃料，在“火烧坡”聚丹阳之气炼五彩石。终于上补天漏下糊地缝，使万物重获生机。

后来芦蒿又被唤作藜蒿，却是因为大书法家颜真卿。相传唐朝大历年间，颜真卿被贬到饶州任刺史。一日闲来无事，颜真卿出来散心，只见月波门外柳丝抽芽，江水碧绿，舟楫往来。不少民妇村姑从河岸采集了一篮篮叫白蒿的沁香野草。颜刺史问：“采这么多草干什么？”答曰：“白蒿经饱，可度春荒。”爱民如子的颜刺史遂说：“依我所见，不如称作黎蒿。黎者，众也，众人喜爱的野蒿。”众人一听，齐声唤好。后来，为了表示此蒿草属，又在“黎”字上面加盖草头。

芦蒿在江南地位显赫，据说得益于明朝开国皇帝朱元璋。

一年春天，朱元璋被陈友谅的军队围困于康山草洲半月之久，所备蔬菜几乎全吃光了。朱元璋忧心忡忡，日渐消瘦。火头军发现草洲上长芦蒿，嚼起来清脆爽口，便采摘回营，去叶择茎，与军中仅剩的一块腊肉皮同炒，朱元璋食欲大开，精神振奋，一举走出困境。得天下后，朱元璋规定江南各州县每年要进贡芦蒿到南京，芦蒿炒腊肉也成了江南的一道名菜。

后来，人们开发出芦蒿干、芦蒿茶、芦蒿酒、腌芦蒿小菜等丰富多样的品种。这千年野蒿，在现在依旧焕发着勃勃生机。

菊花脑

雨暗连兵气，花飞点客愁。
寓居皆野寺，相过只扁舟。
不作新塘去，还为后泖游。
盘飧虽杞菊，得饱胜椎牛。

——《花飞》（南宋）张元干

一、物种本源

拉丁文名称，种属名

菊花脑［*Dendranthema nankingense*（Hand. –Mazz.）X. D. Cui］，为菊科菊属多年生草本野菊花的近缘植物，又名菊花叶、路边黄、黄菊仔、菊花郎、菊花菜、连梗野菊花、田边菊等。

形态特征

菊花脑高可达1米，有地下长或短匍匐茎。茎直立，半木质化，稍有细茸毛，株高可达90厘米。叶片宽大，为卵圆形，互生，叶面为绿色，叶缘有锯齿或呈羽状分裂；叶基稍收缩成叶柄，为绿色或带紫色。枝顶有头状花序，多数在茎枝顶端排成疏松的伞房圆锥花序或少数在茎顶排成伞房花序。

菊花脑

习性，生长环境

菊花脑适应性强，耐寒，耐贫瘠，耐干旱。菊花脑于10～12月开花结籽，强光照有利于其茎叶生长，短日照有利于其花芽形成和抽薹开花。菊花脑种子在4℃以上就能发芽，幼苗生长的适宜温度为15～20℃。

菊花脑原产于中国，在江苏、湖南和贵州等省有野生种。

二、营养及成分

每100克菊花脑中部分营养成分见下表所列。

碳水化合物	9克
蛋白质	4.3克
氨基酸总量	3.7克
膳食纤维	1.1克
还原糖	0.4克
脂肪	0.3克
总酸	0.1克
钙	0.1克
维生素C	13毫克
铁	1.7毫克
锌	0.6毫克

菊花脑富含碳水化合物、蛋白质、膳食纤维、脂肪、维生素等，并含有黄酮类化合物和挥发油等，有特殊芳香味，食之清凉爽口。菊花脑中的黄酮类化合物主要存在于茎叶中，其中木犀草素的含量最高，槲皮素、山柰酚、异鼠李素等也有较高的含量。此外，菊花脑中还含有单萜类和倍半萜类化合物，另外还含有少量脂肪酸、正二十六烷酸、β–谷甾

醇、熊果酸、金圣草黄素、咖啡酸、胡萝卜苷、蒙花苷、芸香苷、硝酸钾等营养物质。

三、食材功能

性味 味甘，性寒。

归经 归肝经。

功能

（1）菊花脑富含维生素C、钙、锌、无机盐、蛋白质、膳食纤维等，有清热凉血、解毒的功效，并可辅助治疗便秘、头痛、目赤等疾病。

（2）菊花脑含有的菊苷、黄酮苷、氨基酸、胆碱及挥发性芳香物质，对病毒及细菌感染有一定抑制功效。用其嫩茎叶制作的菜肴不仅清香无比，而且有清热解毒、调中开胃、降血压之功效。

（3）菊花脑中的黄酮类化合物和挥发油能明显扩张冠状动脉，并增加血流量，可增强毛细血管抵抗力，对冠心病、高血压有良好的食疗功效。

四、烹饪与加工

清炒菊花脑

（1）材料：菊花脑500克，油、鸡精、盐适量。

（2）做法：将菊花脑洗净、沥水。热锅下油，倒入菊花脑。大火快速翻炒2~3分钟，放入盐和鸡精，翻炒均匀，即可出锅装盘。

凉拌菊花脑

（1）材料：菊花脑200克，蒜6瓣，柠檬1个，芝麻油、白糖、鸡精、醋、盐适量。

（2）做法：将菊花脑清洗干净，沥干水分，放入盐，腌制10分钟后

凉拌菊花脑

挤去多余的水分；蒜切末。将柠檬挤汁滴入菊花脑中，加入蒜末，拌匀。碗中放入盐、白糖、鸡精、醋、芝麻油做成调味汁，倒入菊花脑中，拌匀装盘。

菊花脑蛋汤

（1）材料：菊花脑120克，鸡蛋2个，虾皮、芝麻油、鸡精、盐适量。

（2）做法：将菊花脑择洗干净。鸡蛋打入碗中，打散。锅中加水，加热，待水沸腾，放入菊花脑。煮沸后倒入鸡蛋液，放入虾皮、盐。关火，倒入芝麻油、鸡精，搅拌均匀，即可出锅。

五、食用注意

（1）菊花脑性寒，凡脾胃虚寒、腹泻之人忌食。

（2）菊花脑有凉血作用，故女子月经来潮期间以及患寒性痛经者忌食。

菊花脑就是故乡

南京人酷爱吃菊花脑，这大概要从太平天国定都天京（南京）说起。曾国藩围城，城内粮草殆尽，居民寻找野菜充饥。后发现菊花脑茎嫩叶香，便广为种植。后来日子宽裕了，南京人还是没忘记菊花脑。这种土生美味成了南京人骨子里的一种牵挂，菊花脑就是故乡。

据说，有个从南京迁居到贵州的老太太，突患重病，已经进入弥留之际。当亲人问她还有什么话要说的时候，老人只说了句："我想吃菊花脑，喝一口汤……"人是回不去南京了，只能打一份加急电报到南京："菊花脑！急急急！"

在南京的小儿子接到电报后马上买了菊花脑，急赴贵州。那个年代，南京到贵州的火车要开两天两夜。且不说老太太还能不能撑上两天两夜，就这路上如何让菊花脑保持新鲜都是个难题。孝心十足的小儿子用一个小菜篮装着菊花脑，上面覆盖着纱布，不敢让风吹着了，因为怕吹干了，但又不敢捂，还得通风。每过一段时间，还要向菊花脑上喷一点水，让菊花脑保持色泽。那份呵护，不亚于看护自己重病的老母亲。

好不容易到了贵州，大家赶紧烧了一锅菊花脑汤，给临终的老母亲端了过去。老人意识已经不太清醒，但听到亲人们的呼唤，听到菊花脑汤的时候，艰难地睁开双眼，颤颤巍巍地喝了一口小儿子用调羹递过来的菊花脑汤。喝完汤，老人嘴唇翕动着，似乎想说什么，但终是没说出来，便离去了……

孩子们哭着问妈妈在说什么，小儿子流着泪说："菊花脑……故乡……"

芹菜

爱汝玉山草堂静，高秋爽气相鲜新。
有时自发钟磬响，落日更见渔樵人。
盘剥白鸦谷口栗，饭煮青泥坊底芹。
为何西庄王给事，柴门空闭锁松筠。

——《崔氏东山草堂》（唐）
杜甫

一、物种本源

拉丁文名称，种属名

芹菜（*Apium graveolens* L.），为伞形科芹属二年生蔬菜，又名香芹、刀芹、蜀芹、药芹、蒲芹等。

形态特征

芹菜的根为浅根系，主根发达，叶生于短缩状茎上，叶柄发达，叶柄横切面呈近圆形或肾形，有“V”形缺口。

根据叶柄的形态，芹菜可分为本芹（即中国类型）和洋芹（即西芹、欧洲类型）两个类型。本芹叶柄细长，高100厘米左右；洋芹叶柄肥厚而宽扁，多为实心，味淡，脆嫩，不耐热。按其叶柄颜色又可分为青芹和白芹。青芹植株高大，叶片较大，叶柄较粗，味浓，产量高，软化后品质较好；白芹植株矮小，叶较细小，色浅绿，叶柄较细，呈黄白色或白色，香味浓，品质好，易软化。

芹　菜

习性，生长环境

芹菜属于耐寒性蔬菜，要求冷凉、湿润的环境条件。芹菜对土壤的要求较严格，需要肥沃、疏松、通气性良好、保水保肥力强的壤土或黏壤土。

二、营养及成分

芹菜是一种高营养价值的蔬菜，富含蛋白质、碳水化合物、膳食纤维、脂肪、维生素、钙、磷、铁、钠等20多种营养元素。蛋白质和磷的含量比瓜类高1倍，铁的含量比番茄高20倍。还含有挥发油、芹菜苷、佛手柑内酯、有机酸等物质。每100克芹菜中部分营养成分见下表所列。

蛋白质	2.2克
碳水化合物	1.9克
灰分	1克
膳食纤维	0.6克
脂肪	0.3克
钠	0.3克
氯	0.3克
钾	0.2克
钙	0.2克
磷	61毫克
镁	31.2毫克
铁	8.5毫克
维生素C	6毫克
维生素B_3	0.3毫克
胡萝卜素	0.1毫克

三、食材功能

性味 味甘、辛，性凉。

归经 归胃、肝、肺经。

功能

（1）利尿消肿。芹菜含有利尿成分，且富含钾，可预防浮肿，水肿病人宜多食新鲜芹菜，可消除体内水钠滞留，利尿消肿。

芹　菜

（2）镇静安神。芹菜含有的芹菜苷、芹菜素及挥发性芳香油，有安定情绪、消除烦躁、增进食欲、促进血液循环、健脑和治疗心脏病的功效。

（3）降压作用。芹菜含酸性的降压成分，临床上对于原发性、妊娠性及更年期高血压均有效，还可使人精力充沛，缓解中老年人便秘症状，消除脂肪，缓解腹胀感。

（4）其他作用。芹菜具有清热平肝、凉血止血、祛风利湿、清肠利便、润肺止咳、解毒等功效。

四、烹饪与加工

炒西芹

（1）材料：西芹1棵，花椒3克，干辣椒2个，蒜2瓣，油、盐适量。

（2）做法：将芹菜去叶洗净后斜刀切成段，大蒜切末，辣椒切小段。起锅热油，先加入花椒、辣椒炸出香味，加入蒜末，然后加入芹菜，快速翻炒至断生，加盐调味出锅即可。

腌芹菜

（1）预处理：选青嫩芹菜，去叶除根，洗净。

（2）细加工：将芹菜捆好后入缸腌制，放一层芹菜撒一层盐，并撒入少量盐水。每天倒缸1次，扬汤散热，促使盐粒溶化。

（3）成品：腌制15天后即可出缸。

芹菜汁

（1）预处理：芹菜洗净，切段。

（2）细加工：将切段后的芹菜放入盐水中，浸泡15分钟捞出。锅中放水，大火煮沸，倒入芹菜焯10秒，再倒入破壁机，加水，打成汁。

（3）成品：过滤掉残渣即可。

五、食用注意

（1）芹菜性凉质滑，故脾胃虚寒、肠滑不固者食之宜慎。

（2）烹调芹菜时不要将其炒得过于熟烂，以免多种无机盐和维生素流失。

花狗献芹

三国时的刘备、关羽、张飞在“桃园三结义”之前，都是身份卑微的市井小人物。刘备是卖草鞋的，关羽是卖豆腐的，张飞是卖猪肉的。

相传张飞很喜欢自己养的一条小花狗，小花狗活泼好动，十分可爱。张飞每日卖完猪肉，都留一些肉和骨头来喂养小花狗。

一日，关羽的老母亲生病，想吃骨头汤炖豆腐。张飞就将余下的肉和骨头都送给了关羽，忘记给小花狗留一点。小花狗没吃到肉和骨头，可能有点失望，也可能有点生气，就将张飞放在肉案下扎肉用的草绳衔到郊外的一个小菜园里，又是舔又是啃。张飞见小花狗不见了，便四下寻找。找了好几天，终于在小菜园找到了小花狗。这时候，张飞发现扎肉用的草绳，已长成了鲜嫩可爱、脆枝绿叶的芹菜。

张飞大喜，这是个好兆头。小花狗献上芹菜，功不可没，立刻带回去用肉骨头伺候。果然，张飞日后辅佐刘备，也成就了一番伟业。

水芹

园亭已觉晴檐暖，楼上东风尚峭寒。
燕垒泥乾芹菜老，蜜房香满杏花残。
诗怀正似晓山好，酒量不如春水宽。
陌上儿童应笑我，黄昏犹自倚兰干。

——《楼中即事》（南宋）张榘

一、物种本源

拉丁文名称，种属名

水芹［*Oenanthe javanica*（Bl.）DC.］，为伞形科水芹属多年生草本植物，又名水芹菜、野芹菜等。

形态特征

水芹通常高15~80厘米，茎直立或基部匍匐。基生叶有柄，柄长达10厘米，基部有叶鞘；叶片轮廓三角形，1~3回羽状分裂，末回裂片卵形至菱状披针形，长2~5厘米，宽1~2厘米，边缘有牙齿或圆齿状锯齿；茎上部叶无柄，裂片和基生叶的裂片相似，较小。

习性，生长环境

水芹喜湿润、肥沃土壤，耐涝及耐寒性强，水芹一般采用无性繁殖。水芹可当蔬菜食用，其味鲜美，民间也作药用。适宜生长温度为15~20℃，能耐0℃以下的低温。一般生于低湿地、浅水沼泽、河流岸边，或生于水田中。水芹产于中国、印度、缅甸、越南、马来西亚、印度尼西亚及菲律宾等亚洲国家。

二、营养及成分

每100克水芹中部分营养成分见下表所列。

蛋白质	1.4克
碳水化合物	0.9克
膳食纤维	0.9克
脂肪	0.2克
钾	0.2克
钠	40.9毫克
钙	38毫克
磷	32毫克
镁	16毫克
铁	6.9毫克
维生素B_3	1毫克
锰	0.8毫克
锌	0.4毫克
铜	0.1毫克

三、食材功能

性味 味甘，性凉。

归经 归肺、肝、胃经。

功能

（1）水芹具有清热解毒的作用，对风热感冒、目赤、咽痛喉肿、口疮牙疳有很好的疗效。

（2）水芹可以用于治疗内热引起的乳痈、痈疽、瘰疬、痄腮，也可治疗胃火、胃灼热、胃反酸。

（3）水芹可以用于治疗前列腺炎、前列腺肥大、尿路感染、崩漏、白带异常、浮肿、小便不利。

（4）水芹还具有祛风除湿作用，对风湿、类风湿、风湿性神经疼痛有很好的治疗作用，还具有降压降脂作用，对高血压、高血脂也有疗效。

（5）水芹的铁、锌元素含量较高，能补充妇女经血的损失，另可治小便淋痛、大便出血等病症。

四、烹饪与加工

清炒水芹

（1）材料：水芹250克，花椒、葱花、蒜末、姜末、油、盐、酱油、醋、味精适量。

（2）做法：将水芹去根须，洗净，切成长段，炒锅注油烧热，放入花椒炸焦，捞出花椒，放入葱花、姜末、蒜末炒匀，至香味溢出后，放入水芹，翻炒几下，加入酱油，用适量清水稍炖，放入味精和盐，出锅装盘即可。

清炒水芹

肉丝炒水芹

（1）材料：水芹250克，猪肉丝150克，油、盐、葱、淀粉、黄酒适量。

（2）做法：水芹去老根，洗净、切段；猪肉丝加黄酒、淀粉腌制。锅烧热，倒入油，随后倒入肉丝滑散到变色。放入水芹翻炒，水芹变软后，撒适量盐和葱花即可。

五、食用注意

（1）水芹忌与醋同食，否则易损伤牙齿。

（2）低血压患者尽量少食水芹。

万能药菜

传说清朝康熙年间，康熙在富丽堂皇的膳房内享用新泰名公芹菜这道美味时，不慎将芹菜掉在地板上，芹菜顿时四溅，如绿宝石般在地上滚动。康熙龙颜大悦，赞不绝口，当即挥笔写下了“生猛海鲜，不如名公的芹菜鲜；山珍海味，不如名公的芹菜符合朕口味”的词句。自此，康熙对名公芹菜情有独钟。

且说康熙的宜妃到了晚年，患上了高血压和脑血管疾病，为治其疾病，御厨每天把名公芹菜作为药膳，让宜妃享用。说来也巧，食用名公芹菜这百姓当家蔬菜不到半年，宜妃的高血压疾病明显好转。于是宜妃便在文武大臣面前感叹道：“烟台的苹果，莱芜的姜，谁也比不上名公村的芹菜香。”此菜由此在民间广泛流行。

胡萝卜

爱此珊瑚箸，堪登白玉盘。
可蔬亦可果，宜脆复宜乾。
色相出元代，采烹奉可汗。
成名独惟尔，羞杀汉衣冠。

——《题沈周写生二十四种（其十四）胡萝卜》
（清）爱新觉罗·弘历

一、物种本源

拉丁文名称，种属名

胡萝卜（*Daucus carota* L. var. *sativa* Hoffm.），为伞形科胡萝卜属一年或二年生草本植物，又名甘荀、黄萝卜、番萝卜、金笋、葫芦藤、胡莱藤、山萝卜、红芦菔、红根、丁香萝卜、赤珊瑚、芽参、金笋等。

形态特征

胡萝卜茎高60~90厘米，多分枝。叶具长柄，果实横截面呈长椭圆形，棱上有白色刺毛，胡萝卜以皮、肉、心色鲜，根形整齐，尾部钝圆者为佳。

胡萝卜根据肉质根的形状特征可分为短圆锥、长圆柱和长圆锥。短圆锥类型肉厚、心柱细、质嫩、味甜，宜生食。长圆柱类型晚熟，根细长，肩部粗大，根前端钝圆。长圆锥类型味甜，耐贮藏。

习性，生长环境

胡萝卜对光照有较高的要求，适宜生长在土层深厚肥沃、排水性良好的壤土或沙壤土中。

胡萝卜

胡萝卜原产于亚洲西部，栽培历史有2000年以上。元代引入中国后，很快入乡随俗，渐渐变成现在长根型的中国胡萝卜。胡萝卜在我国分布广泛，品种繁多，如南京和上海的长红胡萝卜、湖北麻城棒槌胡萝卜、安徽肥东黄胡萝卜、北京鞭杆红、济南蜡烛台、内蒙古黄萝卜、烟台五寸胡萝卜、汕头红胡萝卜等。

二、营养及成分

胡萝卜是一种质脆味美、营养丰富的家常蔬菜，素有“小人参”之称。每100克胡萝卜中部分营养成分见下表所列。

碳水化合物	7.9克
膳食纤维	0.8克
蛋白质	0.6克
脂肪	0.3克

此外，胡萝卜还含有番茄烃、六氢番茄烃等多种类胡萝卜素，维生素B_1，维生素B_2，维生素B_3，维生素C，维生素E，钾、钠、钙、镁、铁、锰、锌、铜、磷、硒等矿物质元素，以及咖啡酸、绿原酸、没食子酸、对羟基甲醇、槲皮素等营养物质。

三、食材功能

性味 味甘，性平。

归经 归肺、脾经。

功能

（1）降脂降糖。胡萝卜含有降糖物质，是糖尿病人的良好食品，其所含的槲皮素、山柰酚能增加冠状动脉血流量，降低血脂，促进肾上腺素的合成。胡萝卜中的叶酸，能降低冠心病的发病率。高血压患者饮用胡萝卜汁，有很好的降压作用。

（2）促进骨骼增长。胡萝卜中的维生素A是骨骼正常发育的必需物质，有利于细胞的生殖与增长，对促进婴幼儿的生长发育具有重要意义。

（3）抗过敏。胡萝卜中的β–胡萝卜素能够有效预防皮肤对花粉的过敏症状和过敏性皮炎等过敏性疾病，而且β–胡萝卜素还能够调节细胞内的平衡，加强身体的抗过敏能力，从而使身体不易出现过敏反应。

（4）美容养颜。胡萝卜含抗氧化剂胡萝卜素，因而具有美容养颜的功效。

（5）治疗夜盲症。胡萝卜含有大量胡萝卜素，胡萝卜素的分子结构相当于2个分子的维生素A，进入机体后，在肝脏及小肠黏膜内经过酶的作用，其中50%变成维生素A，有补肝明目的作用，可治疗夜盲症。

（6）其他作用。胡萝卜有健脾消食、清热解毒、降气止咳等功效，有益于消化不良、久痢、久咳的康复。

胡萝卜

四、烹饪与加工

胡萝卜炒肉

（1）材料：胡萝卜1根，猪肉30克，葱1根，蒜2瓣，姜1个，生抽、胡椒粉、油、盐适量。

（2）做法：将胡萝卜洗净去皮切片，葱姜切末，蒜切片，猪肉洗净切片。猪肉片中加入盐，搅拌均匀。起锅烧水，水沸后倒入胡萝卜，焯水30秒。起锅放油，倒入葱、姜、蒜，倒入肉片，煸炒至变色倒入胡萝卜，大火翻炒3分钟后放入胡椒粉、生抽和盐，翻炒均匀，即可出锅。

胡萝卜汁

（1）预处理：胡萝卜洗净切成小丁。

（2）细加工：将胡萝卜丁放入破壁机中，加适量的纯净水，搅打成泥状，滤去残渣。

（3）成品：将榨取的胡萝卜汁倒入杯中，加入适量的白糖或蜂蜜调味即可饮用。

胡萝卜面条

（1）预处理：胡萝卜去皮，洗净切块。

（2）细加工：将切好的胡萝卜放入榨汁机榨取胡萝卜汁。按照胡萝卜汁与面粉质量比为1：2揉成面团，盖上湿布醒15分钟左右。将面团擀成一个大面片，将面片折起，用刀切成条状，撒上面粉抖开。

（3）成品：分装，冷冻储存，即用即取。

五、食用注意

（1）脾胃虚寒者，不可生食胡萝卜。

（2）不宜作为下酒菜，而且在饮用胡萝卜汁后不要马上饮酒，因为胡萝卜中丰富的胡萝卜素和酒精一同进入人体，会在肝脏中产生毒素，引起肝病。

（3）炒制时不宜加太多醋，醋可破坏胡萝卜中的胡萝卜素。

“人参堂”里没人参

据传，江苏省东台市有座庙宇叫“人参堂”。不过“人参堂”里没有人参，而且这里也不产人参。庙里面供奉的也不是神仙菩萨，而是一位普通的医生。其实，庙宇的名称和来历都与胡萝卜有关。

传说当地有位姓王的乡间医生，医术高明，不管什么疑难杂症，他都能妙手回春。在为农民治病时，他常用胡萝卜代替人参。倒不是医生在糊弄老百姓，而是因为人参稀罕贵重，不易得，而且旧时乡间穷苦人家根本无钱服用名贵补药。这位医生深知胡萝卜营养丰富，可替代人参作为滋补品。服用胡萝卜之后，穷苦病人也能得到很好的滋补，渐渐恢复健康。后人为了纪念他的功绩，为他修了庙宇，挂了匾额，大书“人参堂”三字，以示医生妙用胡萝卜的功绩。

民间一直有胡萝卜是“土人参”的说法，如今在日本，胡萝卜还被叫作人参呢。

韭菜

西风吹野韭，花发满沙陀。
气校荤蔬媚，功于肉食多。
浓香跨姜桂，余味及瓜茄。
我欲收其实，归山种涧阿。

——《上京十咏（其十）韭花》（元）许有壬

一、物种本源

拉丁文名称，种属名

韭菜（*Allium tuberosum* Rottl. ex Spreng.），为石蒜科葱属多年生宿根草本植物，又名丰本、草钟乳、起阳草、懒人菜、长生韭、壮阳草、扁菜等。

形态特征

韭菜具强烈特殊气味，根茎横卧，鳞茎狭圆锥形，簇生；鳞式外皮呈黄褐色，网状纤维质；叶基生，条形，扁平，实心；伞形花序，顶生。

习性，生长环境

韭菜性喜冷凉，既耐寒也耐热，且耐阴性强，对土壤质地适应性强，需肥量大，耐肥能力强。

韭菜原产于我国，且栽培历史悠久。我国韭菜品种资源十分丰富，如天津的卷毛韭、云南的早花韭、广州的细叶韭等。

韭　菜

二、营养及成分

韭菜含丰富的碳水化合物、蛋白质、膳食纤维、脂肪、糖类、钙、磷、铁、维生素A、维生素B_1、维生素B_2、维生素C等。每100克韭菜中部分营养成分见下表所列。

碳水化合物	4.6克
蛋白质	2.4克
膳食纤维	1.4克
脂肪	0.4克

三、食材功能

性味 味甘、辛，性温。

归经 归胃、肝、肾经。

功能

（1）增进食欲。韭菜含有挥发性精油及硫化物等特殊成分，散发出一种独特的辛香气味，有助于疏调肝气，增进食欲，增强消化功能。

（2）润肠通便。膳食纤维对人体最大的好处就是可以促进排便，并帮助排出肠道内的有害物质，而韭菜中的膳食纤维十分丰富，在预防便秘方面有很好的作用，被誉为“洗肠草”。

（3）杀菌消炎。韭菜中所含的硫化物，在药理上有杀菌消炎的作用，可以抑制绿脓杆菌、痢疾杆菌、大肠杆菌以及金黄色葡萄球菌的活性。

（4）其他作用。韭菜对肾虚阳痿、里寒腹痛、噎膈反胃、胸痹疼

韭　菜

痛、衄血、吐血、尿血、痢疾、痔疮、痈疮肿毒、漆疮、跌打损伤有食疗作用。

四、烹饪与加工

韭菜炒鸡蛋

（1）材料：韭菜700克，鸡蛋2个，油、盐适量。

（2）做法：韭菜洗净切段。锅中放油，打入2个鸡蛋翻炒。倒入韭菜，加入盐，大火翻炒3分钟，即可出锅装盘。

韭菜饺子

（1）材料：韭菜350克，鸡蛋2个，饺子皮3斤，葱、蚝油、白胡椒、盐、生抽、姜适量。

（2）做法：将韭菜和葱切成小段，姜切成末，加入盐、白胡椒粉、蚝油、生抽、鸡蛋，搅拌均匀，用饺子皮包好馅料，即成饺子，沸水下锅大火煮5分钟左右即可。

五、食用注意

（1）韭菜的粗纤维较多，不易消化吸收，所以一次不能食用太多，否则大量粗纤维刺激肠壁，往往会引起腹泻。

（2）炒熟的韭菜不宜存放过久，否则韭菜中的硝酸盐会转化成亚硝酸盐。

（3）韭菜偏热性，多食易上火，因此阴虚火旺者不宜多食。

（4）胃虚有热、消化不良者不宜食用韭菜。

（5）服维生素K时不宜食韭菜，否则会降低维生素K之药效。

泥店韭菜

传说西汉末年，王莽杀汉平帝篡位。当时，王莽为斩草除根，决心杀掉汉平帝年仅16岁的儿子刘秀。危急时刻，在一位忠臣的帮助下，刘秀连夜逃出京城长安。此后隐姓埋名，风餐露宿，辗转潜逃到安徽亳州一带。

别看刘秀年纪不大，却胸有大志。在汉朝旧臣的帮助下，他求贤访士，积蓄力量，准备起兵讨伐王莽。

据说在一次王刘大战中，刘秀兵败，军队溃散。刘秀逃到泥店，幸得一位夏氏老汉送菜送饭。

一日，夏氏老汉送来一种碧绿细长如野草的蔬菜。饥肠辘辘的刘秀不仅觉得其味道鲜美，还感到精神焕发，浑身有劲，刘秀高兴地称这蔬菜为“救菜”。

后来刘秀称帝，天下太平。他想起泥店“救菜”，便命人前去采割，又命御厨煎炸烹炒，觉得味道更加可口，便封夏氏老汉为“百户”，赐地千亩，专门种植“救菜”送皇宫食用。后来经御医反复研究，发现这泥店“救菜”有清热、解毒、滋阴、壮阳和增进食欲等多种功效。

刘秀得知“救菜”具有这些营养成分和功效后，更加爱吃韭菜，又觉得“救菜”的“救”作为菜名不合适，便专门为“救菜”的“救”造了一个“韮”字。于是“救菜”就更名为“韮菜”（“韮”被后人简化为“韭”），从此“泥店韭菜”便成了帝王御用之菜而名传于世。

洋葱

次第撕开深浅红，凝眸一霎失从容。
掉头滋味哭还笑，紧抱情怀剥到穷。
岂有伤痕真刻骨？却非眼泪不由衷。
呛人辛辣消除尽，火上犹须片刻功。

——《剥洋葱》（现代）梅关雪

一、物种本源

拉丁文名称，种属名

洋葱（*Allium cepa* L.），为石蒜科葱属多年生草本植物，食用部分为其鳞茎，又名葱头、球葱、红葱、回回葱、玉葱、圆葱等。

形态特征

洋葱鳞茎粗大，近球状；外部鳞叶纸质至薄革质，内部鳞叶肥厚，肉质，叶片圆筒状，中空，中部以下最粗，向上渐狭。

习性，生长环境

洋葱对温度的适应性较强，属长日照作物，耐旱，60%~70%的相对湿度较适于其生长，对土壤的适应性较强，以肥沃疏松、通气性好的中性壤土栽培为宜。

洋葱按皮色分，可分为黄皮、红（紫）皮和白皮三种；按形状分，可分为扁圆、凸圆两类。

洋　葱

洋葱原产于中亚或西亚，目前我国洋葱主要产于山东金乡、鱼台、单县、平度，江苏丰县，甘肃酒泉、武威，云南元谋、东川，四川西昌等地。

二、营养及成分

每100克洋葱中部分营养成分见下表所列。

蛋白质	1.8克
碳水化合物	0.9克
膳食纤维	0.9克
脂肪	0.2克

洋葱含有维生素A、维生素B_1、维生素B_2、维生素B_3、维生素C、维生素E、胡萝卜素及钙、磷、铁、钾、钠、锌、硒等矿物质，还含有硫醇、二甲二硫化物、三硫化物、枸橼酸、芥子酸、多种氨基酸和前列腺素A等营养物质。

三、食材功能

性味 味辛，性温。

归经 归心、脾、胃经。

功能

（1）维护心血管健康。洋葱是目前所知唯一含前列腺素A的蔬菜。前列腺素A能扩张血管、降低血液黏度，因而具有降血压、增加冠状动脉的血流量、预防血栓形成的作用。

（2）刺激食欲，帮助消化。洋葱含有葱蒜辣素，有浓郁的香气，这特殊气味可刺激胃酸分泌，增进食欲，从而起到开胃作用，对萎缩性胃炎、胃动力不足、消化不良等引起的食欲不振有明显的治疗效果。

（3）杀菌，抗感冒。洋葱中含有植物杀菌素如大蒜素等，有很强的杀菌能力，能有效抵御流感病毒、预防感冒。

（4）其他作用。洋葱有清热化痰、解毒杀虫之效，可用于创伤、溃疡及妇女滴虫性阴道炎等疾病的食疗助康复。

洋 葱

四、烹饪与加工

洋葱炒鸡蛋

（1）材料：洋葱300克，鸡蛋3个，蒜3瓣，生姜1片，油、盐适量。

（2）做法：蒜切末，洋葱切丝，鸡蛋打好。锅内放油，加热，倒入搅拌好的鸡蛋，翻炒1分钟，装碗里备用。锅内倒油，油烧热后，放入姜和蒜爆香，放入洋葱丝翻炒。洋葱炒至八成熟时，倒入炒好的鸡蛋，继续翻炒，直到洋葱炒熟后，加入盐调味即可装盘。

油炸洋葱圈

（1）材料：洋葱500克，鸡蛋4个，淀粉15克，油、盐、黑胡椒粉、面包糠适量。

（2）做法：将鸡蛋打破，蛋液置于碗内，搅拌均匀。洋葱去皮切成圆片，调入少许盐、黑胡椒，腌制10分钟。将腌好的洋葱圈裹上一层淀粉，并抖掉多余的淀粉，再均匀裹上一层蛋液。锅内放油加热，油温至六七成热时，放入洋葱圈，炸至金黄，捞出沥去多余的油，装盘即可。

洋葱干

（1）预处理：将新鲜的洋葱用清水洗净，沥干。

（2）细加工：把洋葱去掉头尾，剥掉皮衣，然后放在烘盘上，置于烘烤机内，进行干燥，温度控制在93℃，1～1.5小时后，把温度降到53℃；干燥到鳞茎水分含量为6%～7%时，再降温到45℃；干燥到鳞茎水分含量为3.5%时，取出。

（3）成品：让洋葱片在常温下自然散热，再装袋密封保存。

五、食用注意

（1）洋葱不宜放盐腌制生食，放盐腌制生食可使水溶性的营养成分外渗散失，食用营养价值降低。

（2）胃火炽盛者不宜食用洋葱。胃火炽盛者应治清热泻火，食宜寒凉，洋葱味辛散耗津，性偏温助热，食之可使胃火炽盛者病情加重。

（3）洋葱不宜切碎长时间放置后食用。切碎长时间放置后洋葱的汁液容易散失，维生素容易被氧化，又因其挥发性大，辛散走窜，营养散失较快。

（4）凡患皮肤瘙痒性疾病及眼疾充血者忌食洋葱。

和尚为什么不吃洋葱？

洋葱明明是蔬菜，可是为什么和尚却不吃呢？《楞严经》里说："是诸众生，求三摩提，当断世间，五种辛菜。"这五种"辛菜"之一就是洋葱，在中国古代叫作兴蕖。

屏东青龙寺有这么一个传说：魔王派出两位貌似天仙的魔女来诱惑佛陀，佛陀当然不为所动。两位魔女因此生起歹心，撂下重话，一定要来破坏佛陀的修行。于是，两位魔女化成污秽的血水洒向人间。这两股血水所到之处便生出了洋葱和大蒜，二者便成了吸取人体精血的最佳利器。多食洋葱、大蒜能够使人昏昧，精血元神被吸尽之后便将堕入地狱难以超生。修行之人吃了洋葱、大蒜，会因看不见善道而加速堕入恶道。所以"鱼肉"是"腥"，洋葱和大蒜是"荤"，而出家人不食"荤腥"。

其实现代科学解释说，吃素食的人肠胃里缺少油脂，洋葱和大蒜这类百合科植物富含丙烯基，会伤害胃壁肠壁。所以，食素的和尚确实不能多食洋葱和大蒜。而且洋葱和大蒜里的丙烯基也有壮阳增欲的作用，出家人不吃是免得坏了清规戒律，耽误自己的修行。不过对于我们普通人来说，食用洋葱还是有许多好处的。

芦荟

植荟西周临证唐，解结祛癣消渴降。
四季葱绿长青翠，耐寒胜暑冠群芳。

——《芦荟》（现代）肖野

一、物种本源

拉丁文名称，种属名

芦荟［*Aloe vera* L. var. *chinensis*（Haw.）Berg.］，为阿福花科芦荟属多年生常绿草本植物，又名狼牙掌、油葱、奴会、卢会、龙角、讷会、鬼丹、象胆、劳伟、番蜡、百龙角等。

形态特征

芦荟的叶簇生，肥厚多汁，呈座状或生于茎顶，叶常披针形或叶短宽，边缘有尖齿状刺，茎较短。

习性，生长环境

芦荟适宜生长在透水透气性良好、有机质含量高的土壤中，喜光，耐半阴，有较强的抗旱能力，芦荟生长期需要充足的水分，但不耐涝。

芦荟的品种很多，有库拉索芦荟（翠叶芦荟）、好望角芦荟、斑纹芦荟、木立芦荟、上农大叶芦荟等。我国的食用芦荟只有木立芦荟、上农大叶芦荟等少数品种，我国芦荟产地分布在福建、台湾、广东、广西等地区。

芦 荟

二、营养及成分

芦荟含有75种营养物质，与人体细胞所需物质几乎完全吻合，有着很高的保健价值，被人们荣称为“神奇植物”“家庭药箱”。每100克可食用芦荟中部分营养成分见下表所列。

膳食纤维	5.6克
碳水化合物	4.8克
蛋白质	1.5克
脂肪	1.2克

此外，芦荟还含有维生素A、维生素B_1、维生素B_2、维生素B_3、维生素B_5、钙、磷、铁、镁、钾、锌、硒、芦荟素、阿尔波兰素、芦荟克酊A、芦荟克酊B、芦荟吗喃素等营养物质。

三、食材功能

性味 味苦，性寒。

归经 归肝、胃、大肠经。

功能

（1）抗衰老。芦荟中的黏液类物质是防止细胞老化和治疗慢性过敏疾病的重要成分。黏液素存在于人体的肌肉和胃肠黏膜等处，让组织富有弹性。此外，黏液素还有壮身、强精作用。

（2）促进愈合。芦荟对创伤有促进愈合功效，对于结膜水肿，芦荟可缩短治愈天数。芦荟浆汁制剂对皮肤创伤、烧伤以及X射线损伤均有促康复作用。

（3）强心活血。芦荟中的异柠檬酸钙等具有强心、促进血液循环、软化硬化动脉、降低胆固醇含量、扩张毛细血管的作用，使血液循环畅通，降低胆固醇，减轻心脏负担，使血压保持正常，清除血液中的“毒素”。

（4）免疫再生。芦荟素中含的芦荟素A、创伤激素和聚糖肽甘露等具有抗病毒感染、促进伤口愈合与复原的作用，有消炎杀菌、吸热消肿、软化皮肤、保持细胞活力的功能，凝胶多糖与愈伤酸还具有愈合创伤活性。

（5）美容价值。芦荟中的多糖和多种维生素对人体皮肤有良好的营养、滋润、增白作用。库拉索芦荟鲜叶最适宜直接用于美容，具有收敛皮肤、柔软化皮肤、保湿、消炎、美白的功效。此外，芦荟能使头发保持湿润光滑，预防脱发。

（6）其他作用。芦荟具有凉肝明目、消疳积、清热杀虫功效，有益于肝经实热、狂躁易怒、伤风、消渴（糖尿病），以及癣、青春痘等疾病的康复。

芦　荟

四、烹饪与加工

凉拌芦荟

（1）材料：芦荟500克，芹菜150克，芝麻油、盐、花椒粒、红椒片适量。

（2）做法：用刀剔下芦荟肉，切成条。将芦荟条放入碗内，加少许盐和几粒花椒。芹菜切条过沸水，凉透，放入碗内加少许盐腌制10分钟。剔除花椒粒，将芦荟条倒入装有芹菜的碗内，加入适量的芝麻油、红椒片，调拌均匀，即可装盘。

芦荟瘦肉羹

（1）材料：芦荟100克，瘦肉200克，葱1根，枸杞10颗，盐、油、料酒、味极鲜、地瓜粉适量。

（2）做法：瘦肉切丝，放入碗中，放入适量料酒、味极鲜和盐，抓匀腌制片刻，再加入适量地瓜粉，抓匀备用。葱切小段，芦荟去皮，取芦荟肉，切成细丝。锅中烧水，放入芦荟丝焯水1分钟捞出。锅中加入适量清水或高汤，煮开后下入肉丝，煮1分钟后加入枸杞和芦荟，再加入适量的油和盐，再次煮开后关火，撒入葱花，装碗盛出。

芦荟膏

（1）预处理：选取肉质比较肥厚的芦荟洗净。

（2）细加工：用勺子将芦荟内部鲜肉轻轻刮出，装到干净的容器中，用电动搅拌器搅拌至生成细小泡泡。把维生素胶囊拆开，将内部粉末倒入芦荟中，继续搅拌10分钟左右。把搅拌后的芦荟倒入干净的容器中，均匀撒入3茶匙琼脂粉（也可以先用矿泉水把琼脂粉溶解后再倒入），然后用搅拌棒轻轻搅拌，搅拌至凝胶状。

（3）成品：将做好的芦荟膏装入瓶中，密封保存于冰箱内。

五、食用注意

（1）体质虚弱或者脾胃虚寒者应谨慎食用芦荟。

（2）孕妇、心脏病及急性肾病患者忌用芦荟。

（3）妇女经期、痔疮出血、鼻出血者慎用芦荟。

（4）体质虚弱的少儿不要过量食用芦荟。

诗人医生刘禹锡

刘禹锡是唐代著名的诗人，有“诗豪”之称。但你可能不知道，刘禹锡还深谙医道，后世对其有“诗人医生”的称呼。

刘禹锡为什么对医道如此感兴趣？这还要从他少年时的一段往事说起。刘禹锡自幼体弱多病，他自己说受尽了“针烙灌饵”之苦，每当看见同龄伙伴四体康健，奔跑玩耍，都羡慕得不得了。有一回，刘禹锡身患癣疾，起初只在颈项之间，后来又漫到左耳，遂成慢性湿疹。既浸淫难愈，又颇为难看。家人先后用斑蝥、狗胆、桃树根等药来医治，不但无效，反而“其疮转盛”。

后来，偶然遇到楚州一位卖药人，教他用芦荟一两、炙甘草半两，研成粉末，先以温水洗癣，拭净后敷之。结果没过几天，癣疾竟痊愈了。

少年刘禹锡自此在心里埋下“悬壶济世”的种子，虽然日后并未成为职业医生，但他集毕生所学，写过一本医书，叫作《传信方》。

芦笋

人间疏散更无人，浪兀孤舟酒兀身。
芦笋鲈鱼抛不得，五陵珍重五湖春。

——《送张逸人》（唐）郑谷

一、物种本源

拉丁文名称，种属名

芦笋（*Asparagus officinalis* L.），为天门冬科天门冬属多年生宿根草本植物石刁柏的嫩茎，又名石刁柏、龙须菜、蚂蚁秆、狼尾巴根、药鸡豆子、青芦笋、露笋、小竹笋等。

形态特征

芦笋高可达1米，根粗2~3毫米。茎平滑，上部在后期常俯垂，分枝较柔弱。叶状枝每3~6枚成簇，呈近扁的圆柱形，略有钝棱，纤细，常稍弧曲，长5~30毫米，粗0.3~0.5毫米。鳞片状叶基部有刺状短距或近无距。

习性，生长环境

芦笋对温度的适应性很强，既耐寒，又耐热，从亚寒带至亚热带均能栽培，但最适宜在四季分明、气候宜人的温带地区栽培。芦笋适宜生长在疏松、土层深厚、保肥保水、透气性良好的肥沃土壤中。芦笋蒸腾量小，根系发达，比较耐旱。

芦　笋

芦笋原产于地中海和小亚细亚半岛一带，目前我国是芦笋的最大生产国，产地相对集中在江苏徐州、山东菏泽等地。

二、营养及成分

芦笋含有多种人体必需的矿物质，如钙、磷、钾、铁、锌、铜、锰、硒、铬等。此外，芦笋还含有维生素A、维生素B_1、维生素B_2、维生素B_3、维生素C、天门冬酰胺、甾体皂苷、甘露聚糖等营养成分。每100克芦笋中部分营养成分见下表所列。

碳水化合物	3克
蛋白质	1.8克
膳食纤维	0.7克
脂肪	0.1克

三、食材功能

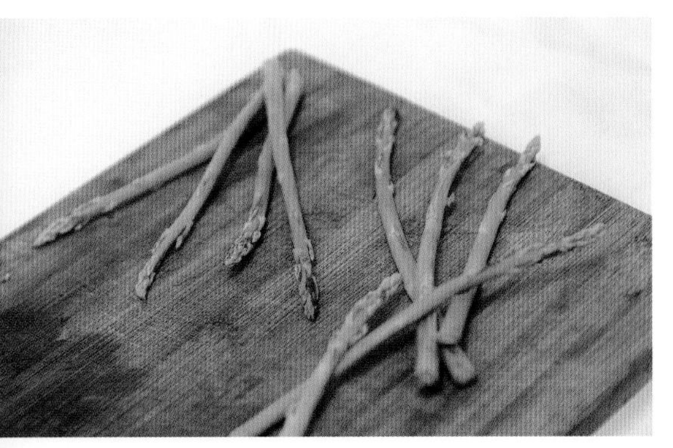

芦 笋

性味 味甘，性微寒。

归经 归肺、胃经。

功能

（1）减肥。芦笋是一种低糖、低脂肪的食物，并且还含有丰富的微量元素，具有降脂减肥的功效。其蛋白质含量并不高，但氨基酸组成适合食用，经常食用能起到减肥作用。

（2）提高免疫力。芦笋含有

丰富的高纤维素及微量元素，不仅能提高身体的免疫力，还能消除疲劳，改善机体代谢。另外还能改善脂肪的代谢，大大降低胆固醇含量。

（3）其他作用。芦笋有清火、生津止渴、除烦止呕、止咳润肺的功效，利二便，适用于热病烦渴、胃热呕吐、肺热咳嗽、肺痈呕脓、热淋涩痛等症的食疗康复。

四、烹饪与加工

芦笋炒山药

（1）材料：芦笋300克，山药200克，蒜3瓣，油、鸡精、盐适量。

（2）做法：将芦笋洗净，斜切成3厘米左右的段，入锅焯水30秒左右。山药去皮切片，切好后用水浸泡可以去除部分淀粉，使其口感脆爽，然后入锅焯水。蒜切末。锅内放油，加热，倒入蒜末煸炒，炒出香味后加入山药，翻炒1分钟后加入芦笋、盐、鸡精，继续翻炒，2分钟后即可出锅。

芦笋炒虾仁

（1）材料：芦笋300克，虾15个，胡萝卜半根，泡椒2个，油、盐、黑胡椒粉、料酒适量。

（2）做法：将芦笋洗净，斜切成3厘米左右的段，胡萝卜洗净切成长条，将芦笋和胡萝卜放入锅中焯水30秒后捞出，立即过凉水，沥干水分，备用。虾去掉虾头、虾壳、虾线并清洗干净，再装入小碗中，加入黑胡椒粉、料酒和盐，搅拌均匀，腌制5分钟。锅中倒入油，油烧热后放入切小段的泡椒，保持小火慢慢煸炒。闻到泡椒散发出香味后加入腌制过的虾仁，大火快速翻炒10秒钟，待虾仁表面微微变色，加入焯过水的芦笋和胡萝卜，再加入盐，翻炒均匀后即可出锅。

芦笋干

（1）预处理：选取新鲜的芦笋，洗净。

（2）细加工：将芦笋放入锅内，加水煮10分钟左右，捞出，沥干水分，再置于太阳下暴晒，晒至芦笋脱干水分。

（3）成品：将晒干的芦笋装袋放置于通风阴凉处保存，即食即取。

五、食用注意

（1）痛风患者不宜食用芦笋。

（2）脾胃虚寒者不能食用芦笋，芦笋有清热解毒、利湿助消化之功效，食用会加重脾胃虚寒的病症。

（3）便溏者不能食用芦笋，芦笋对清理肺部及肠道毒素、排除体内垃圾有奇效。而便溏者本身肠胃有问题，食用芦笋会加重病情。

芦笋尖为什么是红的？

洞庭湖的芦笋绿得逗人爱，可是芦笋尖为什么是红的呢？

相传很久以前，洞庭湖上有一个叫罗金的恶霸，他鱼肉乡里，欺压百姓。可罗金的女儿白娘却很善良，常规劝父亲要多行善事。白娘还有一身好武艺，经常为穷人打抱不平。

一天晚上，白娘在闺房里听到惨叫声，知道是爹爹又在打人。她赶紧下楼，看见罗金正用鞭子狠狠地抽打一个被五花大绑的后生。白娘连忙上前护住后生，向爹爹详问缘由。

罗金恶狠狠地说："哼！他狗胆包天，想来刺杀我。我要剥他的皮，剐他的肉。"

白娘夺过鞭子说道："爹爹，你老人家歇息去吧，让女儿来收拾他。"等罗金一走，她偷偷给后生松了绑，又给后生敷了药，让后生赶紧逃走。

后生不走，还说："你爹害穷人，我要为百姓除害！"

白娘便拉起后生，一口气跑了几十里路。两人跑累了，刚刚坐下喘口气，只见一片芦叶飞刀从天而降，直奔后生胸口而来。白娘武艺高强，一把接住飞刀说："这是我爹发的芦叶飞刀，刀上有毒，你若是碰上，会立即死去。"

白娘用飞刀刺中了一只野鸭子，见芦叶飞刀上蘸了些鲜血，就把飞刀放了回去。事不宜迟，二人继续逃命。

罗金见飞刀上面有血，心里好不欢喜。可仔细一闻，不是人血，却是畜生血。晓得是白娘的点子，就对着白娘逃去的方向，施法念咒。白娘和后生正在赶路，忽见脚下的泥土一起一伏，眨眼之间密密麻麻的芦笋化作了尖刀。白娘功夫好，背起后生，施展轻功，在刀尖上"蜻蜓点水"。

后生见白娘汗如雨下，渐渐体力不支，就说：“我不怕死！白娘你要劝你爹爹改邪归正。”说完便跳向芦笋尖刀，鲜血染红了后生的衣襟。白娘看了泪如雨下，决心用自己的生命感化父亲。于是，白娘也跳向尖刀，鲜血也染红了白娘的衣裙。

从那以后，洞庭湖的芦笋尖就红了。罗金闻知女儿死了，后悔莫及，变成了湖边的螺蛳，供人畜食用以赎自己的罪过。

四季豆

风吹带断难系铃，铃落尘土结荚柄。
年年月月花不尽，一枝一叶总关情。

——《戏说四季豆》（清）宗磊

拉丁文名称，种属名

四季豆（*Phaseolus vulgaris* L.）为豆科菜豆属一年生缠绕草本植物四季豆的嫩荚和种子，又名架豆、芸豆、芸扁豆等。

形态特征

四季豆荚果长10~20厘米，形状直或稍弯曲，横断面圆形或扁圆形，表皮密被绒毛，嫩荚呈深浅不一的绿、黄、紫红（或有斑纹）等颜色，成熟时呈黄白至黄褐色。随着豆荚的发育，其背、腹面缝线处的维管束逐渐发达，中、内果皮的厚壁组织层数逐渐增多，鲜食品质降低。

习性，生长环境

四季豆喜温暖，不耐霜冻，较耐旱，不耐涝。四季豆为短日照植物，适宜在土层深厚、松软、腐殖质多且排水性良好的土壤中生长。

四季豆原产于中南美洲，目前在我国南北方均有种植。根据史料记载，我国种植四季豆始于明代。我国的栽培品种有硬荚形和嫩荚形两种，民间称硬荚形的为饭豇豆，嫩荚形的为菜豇豆。

四季豆

二、营养及成分

每100克四季豆中部分营养成分见下表所列。

碳水化合物	4.7克
蛋白质	1.5克
膳食纤维	1.5克
脂肪	0.4克

此外，四季豆干豆中富含钙、镁、磷、铁、锌、硒以及维生素A、维生素B_1、维生素B_2、维生素C和胡萝卜素等营养成分。四季豆的种皮中含有无色蹄文天竺素、无色矢车菊素、无色飞燕草素、山柰酚、槲皮素、杨梅树皮素等多种活性成分。

三、食材功能

性味 味甘，性温。

归经 归脾、肾经。

功能

（1）四季豆中含有丰富的维生素A、维生素C、维生素K以及钾、镁、铁等矿物质，可以稳定血压、减轻心脏负担、降低骨折风险、预防败血症等。

（2）四季豆属于高膳食纤维蔬菜，能够加强胃肠蠕动，防止便秘，有利于降低体内胆固醇含量。

（3）四季豆中含有的槲皮素、山柰酚等活性成分具有抗氧化活性，可以为机体提供抗氧化剂。

（4）四季豆能健脾胃、补肾，可以治疗肾虚腰痛、淋巴结核初起、慢性胃痛、痢疾、百日咳、小儿疝气、糖尿病等疾病。

四季豆

四、烹饪与加工

四季豆炒肉

（1）材料：四季豆300克，瘦肉100克，干辣椒2个，葱1根，花椒、酱油、料酒、油、盐、鸡精适量。

（2）做法：四季豆去筋切成段，锅中水烧开，倒入切好的四季豆，焯水2~3分钟后捞起来。瘦肉切片，葱切段。锅中下油，油热放葱段、花椒爆香，倒入肉片，煸炒至肉片发白，加料酒和酱油。倒入焯过水的四季豆，加入适量盐、干辣椒，大火炒3~4分钟，加入鸡精，翻炒均匀即可出锅。

干煸四季豆

（1）材料：四季豆400克，干辣椒5个，蒜、姜、生抽、老抽、油、糖、鸡精、盐适量。

（2）做法：干辣椒切小段，蒜切片。四季豆洗净，去两头，去筋，沥干水分。锅中稍微放多些油，用大火炸四季豆，炸至外皮微皱即捞出盛起，沥去附着于四季豆表面的油。锅中留底油，多余的油装到碗中，油热倒入干辣椒、蒜、姜爆香，倒入四季豆，大火炒3分钟，加入生抽和老抽，放糖、盐、鸡精，翻炒均匀即可装盘。

四季豆干

（1）预处理：选取新鲜的嫩四季豆，洗净，沥干水分。

（2）细加工：将四季豆放入锅内，加水煮10分钟左右，待四季豆颜色变至翠绿色捞出，放冷水里冲洗过凉，沥干水分。再置于太阳下暴晒，晒至四季豆脱干水分。

（3）成品：将晒干的四季豆干装袋，放置于通风阴凉处保存，即食即取。

五、食用注意

（1）四季豆食用前应摘除豆筋，以免影响消化。

（2）四季豆应煮透、煮熟，不宜生食，以免中毒。

张果老与四季豆

相传，吕洞宾从在八仙中可算得上是一位风流大仙。在民间有吕纯阳三戏白牡丹的佳话，在八仙中也常有吕洞宾戏何仙姑的传说。有一日，在云南昆明郊外，吕洞宾与何仙姑以绿草为床，彩云当被，成就云雨好事，被倒骑毛驴四海游荡的张果老撞见。张果老感到既好气又好笑。气的是吕、何二仙不守仙规，青天白日做出了常人难为的荒唐事。笑的是仙家和凡人没有什么两样，七情六欲一样不缺。于是他来了个恶作剧，手指吕、何二仙腰带念念有词，念毕用手捏住毛驴的嘴巴，对准二仙裤腰带吹了一口驴气。顿时，何、吕二仙的裤腰带断成一节一节的，纷纷落入草丛不见了，二仙没了裤腰带却全然不知，等双双站起来时，裤子一直落到了脚面上。从此，民间把生活作风不好的人喻为“没裤腰带约束的人”。而落入草丛中的断裤腰带，长出了“终年花盛开，四季都结荚”的四季豆来。

刀豆

草木皆兵刀不奇，温中止呃胜柿蒂。
酱汁蜜饯老收子，青啖佐酒炖螃蜞。

——《戏说食刀豆》（现代）
陈德生

一、物种本源

拉丁文名称，种属名

刀豆［*Canavalia gladiata*（Jacq.）DC.］，为豆科一年生缠绕草质藤本植物刀豆的果，有立刀豆（矮生）和蔓生刀豆两种，又名中国刀豆、关刀豆、大刀豆、挟剑豆、刀鞘豆、刀巴都、马刀豆、刀培豆、马豆等。

形态特征

刀豆荚果呈带状，略弯曲，长为20~35厘米，宽为4~6厘米，离缝线约5毫米处有棱，种子呈椭圆形或长椭圆形，长、宽、厚分别约为3.5厘米、2厘米、1.5厘米，种皮为红色或褐色，种脐约为种子长度的3/4。无臭，味淡，嚼之有豆腥味。

习性，生长环境

刀豆喜温耐热，喜强光，光照不足影响开花结荚。刀豆抗逆性强，对土壤适应性强。

刀　豆

刀豆原产于南美洲，我国的刀豆栽培历史已有1500多年，现栽培的主要是蔓生刀豆。在我国，矮生刀豆栽培数量不多，主要分布在华南和华东的江苏、浙江、安徽等地。

二、营养及成分

每100克刀豆中部分营养成分见下表所列。

碳水化合物	4.4克
蛋白质	2.1克
膳食纤维	1.8克
脂肪	0.3克

此外，刀豆含有钙、磷、铁、镁、维生素B_1、维生素B_2、维生素B_3等营养物质，还含有刀豆赤霉素Ⅰ、刀豆赤霉素Ⅱ、血球凝集素、胡萝卜素、没食子酸、没食子酸甲酯、羽扇豆醇、δ-生育酚、β-谷甾醇等活性成分。

三、食材功能

性味 味甘，性温。

归经 归肺、胃、肾、大肠经。

功能

（1）刀豆具有补肾散寒、温中下气、利肠胃、止呃逆等功效，可用于治疗咳喘、反胃呕吐、泻痢、脾胃虚弱等症。

（2）刀豆中的羽扇豆醇类化合物，具有多种药理学活性，能够诱导细胞凋亡，具有抗炎效果。

刀　豆

四、烹饪与加工

刀豆炒土豆

（1）材料：刀豆400克，土豆2个，蒜2瓣，姜3片，生抽、老抽、油、冰糖、白胡椒粉、盐适量。

（2）做法：刀豆抽筋，切小段，炸熟。土豆去皮洗净，切条，炸熟。蒜、姜切末。锅中倒油，加热，放入蒜末和姜末大火爆香，改小火，倒入生抽、老抽、冰糖。待冰糖融化后调大火，倒入炸好的刀豆和土豆，翻炒一下，再加入开水，加少许盐和白胡椒粉，翻炒均匀，盖上锅盖焖煮，待汤汁收干后即可出锅。

肉末刀豆干

（1）材料：刀豆干100克，瘦肉200克，干辣椒2个，蒜2瓣，姜3片，油、黄酒、生抽、糖、盐适量。

（2）做法：将刀豆干用温水洗净泡开，瘦肉、姜、蒜切末，干辣椒切段。锅中放油烧热，放入姜、蒜、干辣椒爆香，放入肉末，炒至变色。放入沥干水分的刀豆干，倒入少许黄酒，翻炒，倒入适量生抽，大火翻炒3分钟。最后放入适量盐、糖调味即可出锅。

刀豆干

（1）预处理：选取新鲜的嫩刀豆，洗净。

（2）细加工：将刀豆放入锅内，加水焯5分钟，捞出放入冷水里浸泡2分钟，沥干水分，再置于太阳下暴晒，3~5天后即可晒干。

（3）成品：将晒干的刀豆干装袋，放置于通风阴凉处保存，即食即取。

五、食用注意

（1）不宜生食或食用半生不熟的刀豆。

（2）胃热盛者慎食刀豆。

刀豆花

易祓，湖南名士，长沙宁乡巷子口镇巷市村人，南宋中后期著名学者，为孝宗、宁宗、理宗三朝重臣，与同郡汤璹、王容并称“长沙三俊”，与著名词人姜夔为“折节之交”。

传说易祓在太学读书十年，未回宁乡老家。他的妻子曾经寄给他一首呵责他的词《一剪梅》：“染泪修书寄彦章，贪做前廊，忘却回廊。功名成就不还乡，铁做心肠，石做心肠。红日三竿懒画妆，虚度韶光，瘦损容光，不知何日得成双，羞对鸳鸯，懒对鸳鸯。”于是，易祓怏怏回到家中。

宋孝宗淳熙十二年（1185年），易祓终于获得殿试机会。因为高兴和紧张，他居然呃声连连，全家束手无策。邻居有位大娘见了，遂从家中菜园摘了把外形似刀的豆荚煮汤喂其食之，居然止住了。原来这豆荚因形态像刀，故名“刀豆”，也叫“挟剑豆”，在乡间早有人食之，当地农村家家都种刀豆。妇女们还采用鲜嫩的刀豆，巧制刀豆蜜饯，俗称“刀豆花”，为迎宾待客、馈赠亲友的珍品。

不久上殿应试，易祓对答如流，获殿试第一，孝宗大喜，召见于便殿，询及楚沩风物，祓于对答中盛赞邑中妇女巧手制之刀豆花，形、色、味、艺，无不绝妙。后祓曾以蜜浸刀豆花进孝宗，孝宗称喜。于是宁乡刀豆花驰名京师。相传自此刀豆花一直被列为“贡品”。

后来，人们发现刀豆还有温肾助阳的作用，李时珍也曾对其盛赞。以后，人们还发挥集体智慧，把刀豆的豆荚、种子做成菜、零食、点心等，广为流传。

茭白

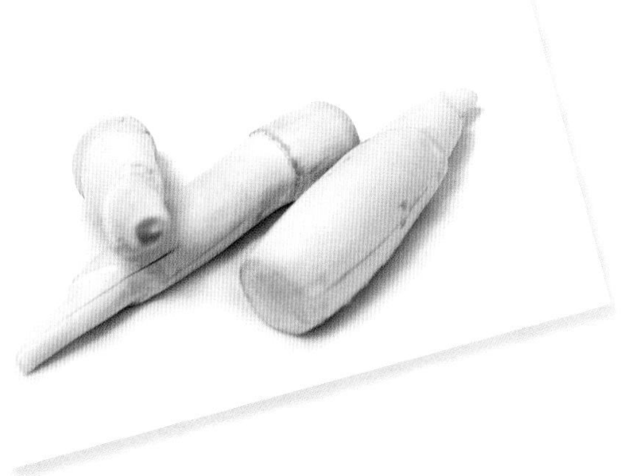

寒茭翳秋塘，风叶自长短。
刳心一饱余，并得床敷软。

——《次刘秀野蔬食十三诗韵（其五）茭笋》（南宋）朱熹

一、物种本源

拉丁文名称，种属名

茭白［*Zizania latifolia*（Griseb.）Stapf.］，为禾本科菰属多年生挺水型水生宿根草本植物菰的膨大肉质茎，又名菰、菰笋、茭笋、菰菜、茭瓜、茭儿菜、茭草、茭芦、菰手等。

形态特征

植株高1.6~2米。根为须根，具根状茎，地上茎秆直立，粗壮，基部有不定根，秆基嫩茎如有黑粉菌寄生，则会畸形生长，形成粗大肥嫩的作为蔬菜食用的椭圆形或近圆形肉质茎。

茭　白

习性，生长环境

茭白属喜温植物，不耐寒冷和高温干旱，对日照长短要求不严。茭白根系发达，需水量多，适宜水源充足、土层深厚松软、富含有机质的湿地处。

茭白原产于我国的江湖、池塘、沼泽中，是一种较为常见的水生蔬菜。我国茭白品种较多，主要分为单季茭和双季茭两类，有京茭三号、宁波四九茭、六月白、水珍一号、丽水高山茭等优质品种。

二、营养及成分

茭白主要含碳水化合物、膳食纤维、蛋白质、脂肪、糖类、维生素B_1、维生素B_2、维生素E、微量胡萝卜素和矿物质等。嫩茭白的有机氮素以氨基酸形式存在，营养价值较高，容易被人体吸收。每100克茭白中部分营养成分见下表所列。

碳水化合物	5.9克
膳食纤维	1.9克
蛋白质	1.2克
脂肪	0.2克

三、食材功能

性味 味甘，性寒。

归经 归脾、胃经。

功能

（1）美容养颜。茭白清湿热，解毒，催乳汁，茭白中含有大量豆甾醇，可有效清除人体内的活性氧，同时还能够抑制酪氨酸酶的活

性，从而阻止黑色素生成，还能软化皮肤表面的角质层，使皮肤润滑细腻。

（2）利尿止渴，解酒毒。茭白甘寒，性滑而利，既能利尿祛水，辅助治疗四肢浮肿、小便不利等症，又能清暑解烦而止渴，夏季食用尤为适宜，可清热通便，还能解除酒毒，治酒醉不醒。

（3）补虚健体。茭白含较多的碳水化合物、蛋白质、脂肪等，能补充人体的营养物质，具有健壮机体的作用。

（4）降血脂。茭白是一种高钾低钠的食品，可以抑制血脂升高，降低血液胆固醇，防治心脑血管疾病，非常适合高脂血症患者食用。

茭　白

四、烹饪与加工

青椒炒茭白

（1）材料：茭白200克，青椒100克，葱1根，盐、油、鸡精适量。

（2）做法：茭白、青椒洗净，茭白去皮切丝，青椒切丝，葱切小段。锅里加入油，放葱炒香，然后加入茭白丝，大火翻炒1分钟，加入青椒丝，再次翻炒一两分钟，加入盐、鸡精翻炒，装盘。

油焖茭白

（1）材料：茭白300克，生抽、蚝油、盐、油适量。

（2）做法：茭白洗净后滚刀切块。热锅下油，倒入茭白，翻炒至茭白变软，边缘变焦。碗里加入适量生抽、蚝油、水搅匀，倒入锅中。盖上锅盖小火焖煮7分钟，开盖大火收汁，加盐，翻炒均匀后出锅装盘。

茭白干

（1）预处理：选择老嫩适度的茭白去壳清洗，根据需要分别切成丝、片。

（2）细加工：将切好的茭白放入沸水中，热烫2~5分钟，热烫后速入冷水中冷却，沥干水分后置于阳光下暴晒。

（3）成品：干燥后的茭白适当回软后即可装袋保存。

五、食用注意

（1）脾寒虚冷、精滑便泻者慎食茭白。

（2）茭白中含有较多的难溶性草酸钙，故患有肾脏疾病、尿路结石或尿中草酸盐类结晶较多者不宜食用。

“六谷”变成“五谷”

菰米在中国历史上曾辉煌一时，不仅位列“六谷”之中，还是“六谷”中最贵重的一谷。

当年李白在安徽铜陵五松山迷了路，山里老婆婆便给他做了一碗“雕胡饭”（菰米饭），李白感动得多次道谢。可是到了宋朝之后，菰米却渐渐退出了历史舞台，“六谷”也变成了现在所说的“五谷”。据说，这还要从玉石琵琶精说起。玉石琵琶精在轩辕坟中排行第三，当年她的两个姐姐九尾狐狸精、九头雉鸡精一起去迷惑纣王，扰乱江山，最终被姜子牙用斩仙飞刀斩杀，只有玉石琵琶精侥幸逃走。她回到轩辕坟潜心修炼，立誓报仇。修炼数百年之后，琵琶精去姜子牙的卦馆复仇。她假装前去算卦，不料被识破。姜子牙用三昧真火将玉石琵琶精烧回原形后，镇于摘星楼上。

又过了数百年，玉石琵琶精逃出摘星楼。这一次她趁姜子牙独在太湖垂钓之时下手，姜子牙的三昧真火在水边发挥不出法力，一时间不仅奈何不了玉石琵琶精，还略占下风。毕竟上了岁数，姜子牙眼看就要支撑不住了，这时候女娲娘娘施法定住了玉石琵琶精，姜子牙趁机祭起斩仙飞刀，将玉石琵琶精斩杀。为了斩草除根，姜子牙砸烂了玉石琵琶，并将玉石琵琶的四只轸子（弦轴）扔到太湖。太湖水边的茭草用茎叶层层包裹住这四只白玉轸子，镇住了玉石琵琶精的魂魄。

从此茭草不再结菰米，而四只白玉轸子也化作了“茭白”供人们食用。

竹笋

应有人家住隔溪，绿阴亭午但闻鸡。
松根当路龙筋瘦，竹笋漫山凤尾齐。
墨染深云犹似瘴，丝来小雨不成泥。
更无骑吹喧相逐，散诞闲身信马蹄。

——《步入衡山》（南宋）范成大

一、物种本源

拉丁文名称，种属名

竹笋［*Phyllostachys edulis*（Carr.）J. Houz.］，为禾本科竹亚科多年生常绿乔木状植物毛竹的嫩笋芽，又名笋、玉兰片、竹肉、苦笋、竹胎、竹萌、竹芽等。竹笋十天之内为笋，嫩而能食，而十天之后则成竹了。

形态特征

竹子有地上茎和地下茎之分。地下茎就是竹鞭，竹鞭节间短，从节上可生出芽来，芽稍长就成地上茎竹笋。竹笋中空，为圆筒形，竹笋生长迅速，长大后可达数米，每节斜生一二小枝，叶呈披针形。

竹　笋

习性，生长环境

竹笋喜温暖湿润的气候，适宜在土层深厚、呈微酸性或中性的土壤中生长。一般要求年平均气温大于17.5℃，年降水量在1400毫米以上。在冬季霜冻少、低温时间短的条件下，方可越冬。

我国是多种竹子的原产地，主要竹品种有毛竹、旱竹、鸡竹、青竹、麻竹、绿竹等60多种。常吃的竹笋主要为毛竹（多生冬笋）、斑竹和百家竹（多生春笋）、慈竹、麻竹、绿竹（多生鞭笋）。毛竹、旱竹等散生型竹种的地下茎入土较深，竹鞭和笋芽借土层保护，冬季不易受冻害，出笋期主要在春季。麻竹、绿竹等丛生型竹种的地下茎入土浅，笋芽常露出土面，冬季易受冻害，出笋期主要在夏秋季。

二、营养及成分

竹笋含有丰富的碳水化合物、蛋白质、膳食纤维、脂肪、糖类、钙、磷、铁、胡萝卜素、维生素等。此外，竹笋还含维生素B_1、维生素B_2、维生素B_3、维生素C、胡萝卜素、赖氨酸、色氨酸、苏氨酸、谷氨酸、胺氨酸及钙、铁、磷等营养物质。每100克竹笋中部分营养成分见下表所列。

碳水化合物	7.5克
蛋白质	2.6克
膳食纤维	1克
脂肪	0.2克

三、食材功能

性味 味甘，性微寒。

归经 归胃、大肠经。

功能

（1）减肥瘦身。竹笋富含维生素B，具有低脂肪、低糖、多纤维的特点，可吸附油脂达到减肥的目的。

（2）增助消化。竹笋富含膳食纤维，能促进肠道蠕动、帮助消化、消除积食、防止便秘。

（3）增强免疫力。竹笋中植物蛋白及微量元素的含量均较高，有助于增强人体的免疫力，提高防病抗病的能力。

（4）保护心血管。竹笋含有维生素P（芦丁），故有利于心血管病患者的防治保健，可降低血压、软化血管，是高血压、冠心病患者辅助食疗的良好食材。

（5）其他作用。竹笋能化痰下气、清除烦热、通利二便，适于热痰咳嗽、胸膈不利、心胃有热、烦热口渴、小便不利、大便不畅等疾病的食疗康复。

四、烹饪与加工

竹笋烧肉

竹笋烧肉

（1）材料：五花肉400克，竹笋400克，葱、姜、花椒、冰糖、料酒、酱油、油、盐适量。

（2）做法：将竹笋剥去外壳，开水下锅，焯水去涩，再切滚刀块。五花肉整块下锅，热水略煮，切小块。葱切小段，姜切片。锅内放油加热至八成热，下冰糖。待糖化微焦时，下五花肉上色，3分钟后取出备用。锅内放少量油，加热，花椒爆香后捞出，葱、姜、笋块下锅垫底，倒入五花肉，注入热水，没过肉和笋。大火煮5分钟，加盐、酱油、料酒，转小火，炖50分钟即可出锅装盘。

冬笋煲鸡汤

（1）材料：鸡1只，竹笋200克，松茸5只，料酒、葱、姜、盐适量。

（2）做法：将鸡洗净，竹笋去壳切去老头，洗净切片。锅中烧水，加入葱、姜，放入鸡，加料酒焯3分钟，再取出冲洗干净。锅内放葱、姜和鸡，加水没过鸡，大火煮开后，加料酒、冬笋，煮开后转中小火煮1小时，再放入松茸和盐，继续中小火煮20分钟左右，关火焖20分钟左右即可装碗。

竹笋干

（1）预处理：选取新鲜的竹笋剥去外壳，洗净。

（2）细加工：将竹笋切成长条形，然后放入高压锅内，加水煮30分钟左右捞出沥干，再摊在晒东西的竹盘上，在太阳下暴晒，晒至竹笋完全脱干水分。

（3）成品：将晒干的竹笋装袋密封保存，即食即取。

五、食用注意

（1）患有胃溃疡、胃出血、肾炎、肝硬化、肠炎、尿路结石、骨质疏松、佝偻病等疾病者不宜多食竹笋。

（2）竹笋一定要煮熟了再食用，生食必损人。

（3）竹笋是清寒之品，脾虚肠滑者忌食。

（4）儿童不宜多食竹笋，因其妨碍身体对钙和锌的吸收。

哭竹生笋

三国时，江夏有一个孝子，姓孟，名宗，字恭武。孟宗年少时，父亲就去世了，母子俩相依为命，家里十分贫寒。

孟宗长大后，母亲年纪老迈，体弱多病。不管母亲想吃什么，孟宗都想方设法满足她。

一天，母亲深感不适，经过求医问药，得知用新鲜的竹笋做汤就可以医好。但这时正值凛凛寒冬，冰天雪地，风雪交加，哪来新鲜的竹笋呢？孟宗无可奈何，实在想不出什么好办法，就独自跑到竹林抱竹痛哭。

哭了半天，他的孝心感动了天地。奇迹发生了，孟宗只觉得全身发热，风吹过来也是热的。他睁眼一看，四周的冰雪都融化了，草木也由枯转青。再仔细瞧瞧，竹子周围长出了许多竹笋。孟宗见了又惊又喜，连忙小心地摘取竹笋，一回家马上用竹笋给母亲熬笋汤，母亲吃后，身体果然渐渐康复。孟宗后来也颇有作为，官至司空。

菠菜

北方苦寒今未已，雪底波棱如铁甲。
岂如吾蜀富冬蔬，霜叶露牙寒更茁。

——《春菜》（节选）（北宋）
苏轼

一、物种本源

拉丁文名称，种属名

菠菜（*Spinacia oleracea* L.），为藜科菠菜属一年生草本植物，又名波斯菜、菠棱菜、赤根菜、鹦鹉菜、鼠根菜、角菜等。

形态特征

菠菜根为圆锥状，茎中通外直，叶呈鲜绿色，柔嫩多汁。菠菜按果实形态可分为有刺种与无刺种两个变种。有刺种的果实菱形有刺，叶较小而薄，呈戟形或箭形，因质地柔软，涩味少，适于食用（尖叶类型），耐寒力、耐热力较强，早熟、抽薹早。无刺种（园叶类型）的果实为不规则的圆形，无刺，叶片肥大、多皱褶，为卵圆形、椭圆形或不规则形，叶柄短，耐热性较弱，抽薹较晚，适于越冬栽培。

习性，生长环境

菠　菜

菠菜属耐寒蔬菜，为长日照植物，菠菜的叶子组织柔嫩，对水分要求较高。水分充足时，生长旺盛，叶肉厚，产量高，品质好。菠菜对土壤适应能力强，但以保水保肥力强、肥沃的土壤为宜，菠菜适宜的土壤 pH 值为 7.2~8.3。菠菜为叶菜，需要较多的氮肥及适当的磷肥、钾肥。

菠菜原产于伊朗，目前在中国普遍栽培，为极常见的蔬菜之一。

二、营养及成分

菠菜有“营养模范生”之称，含碳水化合物、胡萝卜素、蛋白质、膳食纤维、脂肪、钾、钙、磷、铁、维生素A、维生素B_1、维生素B_2、维生素B_3、维生素C、维生素D、维生素E、叶酸及磷脂、草酸等营养成分。其中胡萝卜素的含量很高，维生素K含量是叶菜类蔬菜中最高的。每100克菠菜中部分营养成分见下表所列。

碳水化合物	4.5克
胡萝卜素	2.9克
蛋白质	2.6克
膳食纤维	1.7克
维生素A	0.5克
脂肪	0.3克

三、食材功能

性味 味甘，性凉。

归经 归胃、肠经。

功能

（1）通肠导便，防治痔疮。菠菜含有大量的植物粗纤维，具有促进肠道蠕动的作用，利于排便，且能促进胰腺分泌，帮助消化。对于痔疮、慢性胰腺炎、便秘、肛裂等病症有治疗作用。

（2）补血。菠菜的蛋白质含量很高，并且叶绿素含量丰富，尤其维生素K含量在叶菜类蔬菜中最高（多含于根部），对治疗鼻子出血、肠出血具有一定的作用。菠菜补血的原因也离不开其所含的丰富的类胡萝卜素和维生素C，这二者对补血都有重要作用。

（3）促进生长发育，增强抗病能力。菠菜中含有丰富的胡萝卜素、维生素C、钙、磷及一定量的铁、维生素E、芦丁、辅酶Q10等有效成分，对眼睛以及上皮细胞的健康有益，在儿童生长发育过程中可发挥重要作用。

（4）促进人体新陈代谢。菠菜中所含的酚类、酮类及微量元素物质，可促进人体新陈代谢。此外，大量食用菠菜，可以减轻中风的危害。

（5）美容养颜。菠菜提取物能够促进细胞的分裂和增殖，常食菠菜可以有效抵抗衰老。菠菜捣烂取汁，每周以其洗几次脸，坚持长时间使用，可以有效地清洁皮肤、缩小毛孔，减少色素沉淀，使皮肤保持弹性亮洁。

菠　菜

四、烹饪与加工

蒜蓉菠菜

（1）材料：菠菜300克，蒜10瓣，盐、油适量。

（2）做法：菠菜洗净控水、切段，蒜剁碎。热锅下油，先放入一半的蒜末爆香，再放入菠菜炒至菠菜开始变软，放入另一半蒜末及盐。旺火翻炒10秒，关火即可。

菠菜面条

（1）预处理：菠菜清洗干净，切碎，放入料理机中，加少许水，打成细腻的菜糊。

（2）细加工：将菜糊倒入碗中，加少量盐和适量温水搅拌均匀，再倒入适量面粉中。揉搓面团，直至成形。加盖，饧半小时。用擀面杖擀制面团成面片状，直至合适厚度。

（3）成品：再将面片切割成1～2厘米宽的面条即成。

速冻菠菜

（1）预处理：将新鲜的菠菜除尽须根，摘去枯叶、残叶，洗净。

（2）细加工：将洗净的菠菜放入热水中漂烫，漂烫时，先把根部浸入热水中漂烫30秒，然后再全部浸入热水中漂烫1分钟。漂烫后应快速冷却至10℃以下，冷却后的菠菜要逐株沥水，每500克为一捆装入塑料袋内，置于封口机上封口，然后在−30℃的低温下冻结20分钟。

（3）成品：速冻后的菠菜很脆，容易破碎，包装时应轻拿轻放。

五、食用注意

（1）菠菜最好不要和钙质含量高的食物同食。菠菜富含草酸，圆叶品种含量尤多，草酸根离子在肠道内与钙结合易形成草酸钙沉淀，不仅阻碍人体对钙的吸收，而且还容易形成结石。

（2）患有尿路结石、肠胃虚寒、大便溏薄、脾胃虚弱、肾功能虚弱、肾炎和肾结石等病症者忌食或不宜多食菠菜。

传说故事

红嘴绿鹦哥

鲁迅先生在《谈皇帝》里将菠菜叫红嘴绿鹦哥，你知道是为什么吗?

相传，乾隆微服私访到江南时，一不小心，在途中失窃，弄得身无分文，饥肠辘辘，窘迫不堪，只能走到一农家乞食。农妇善良，连忙给乾隆摊了几张面饼，又到自家菜园里挖了些菠菜，做了一个家常菜——菠菜煮豆腐。乾隆见这道菜色泽艳丽，尝起来味道鲜美，一边吃一边赞叹。告辞时，又问农妇："这是什么菜?"农妇见客人长得斯斯文文，就随口说道："金镶白玉板，红嘴绿鹦哥。"

后来，乾隆辗转回到宫中，说了江南的这番经历，便让御厨根据自己的描述去制作这"红嘴绿鹦哥"。这御厨不知道究竟是何食材，战战兢兢做了出来，又战战兢兢呈给乾隆。乾隆吃了一口，眉头一皱，就把筷子扔掉了。御厨吓得赶紧跪地求饶，乾隆对他说三天之后一定要做出一样的菜来!

御厨回去之后辗转反侧、夜不能寐，忽然想起自己的师兄在江南普济寺当厨师，一定知道这是什么菜，便连夜差人请师兄来京城。

师兄快马加鞭，在最后一天傍晚终于到了。听了御厨的描述后，师兄微微一笑，走进厨房。不一会，热腾腾的菜就被端了出来。御厨一看，这不就是菠菜煮豆腐嘛，这道菜差点让自己送了命!

空心菜

薄酒在手斟满盅，箸挟蕹菜根根空。
唯有朝暮佳蔬伴，快活神仙不言中。

——《蕹菜》（民国初期）柏增云

一、物种本源

拉丁文名称，种属名

空心菜（*Ipomoea aquatica* Forsk.），为旋花科番薯属一年生或多年生草本植物。因为其茎中空，所以叫“空心菜”，又名蕹菜、通菜蓊、蓊菜、藤藤菜、通菜、无心菜、通心菜等。

形态特征

空心菜茎中通外直，有节，光滑无毛。空心菜依据栽培条件分为水蕹菜（又叫小叶种或大蕹菜）和旱蕹菜（又叫大叶种或小蕹菜）；依据花色分为白花种（植株绿色，花白）和紫花种（植株各部位略带紫色，花淡紫）。

空心菜

习性，生长环境

空心菜常见于我国南部和中部各省，喜欢温暖潮湿的气候，具有耐热性，不抗霜冻，对土壤要求不严，适应性较强，是水陆两栖性植物，沟边地角都可栽植，也可以在全年高温无霜的地区种植。

二、营养及成分

空心菜含有蛋白质、膳食纤维和丰富的维生素A、维生素B、维生素C、钙、磷、铁等。其维生素B_2含量是番茄的8倍，钙含量是番茄的12倍。每100克空心菜中部分营养成分见下表所列。

碳水化合物	3.7克
蛋白质	2.1克
膳食纤维	1.9克
胡萝卜素	1.5克
钾	0.3克
维生素A	0.3克
钙	54毫克

三、食材功能

性味 味甘，性寒。

归经 归胃、肠经。

功能

(1) 清热解毒。空心菜含有丰富的木质素和果胶等。果胶可以加速体内有毒物质的排泄，木质素可以增加巨噬细胞的吞噬作用，具有杀菌和减少炎症的作用，并可以用于治疗痤疮等。空心菜汁对金黄色葡萄球菌、链球菌等有抑制作用，可预防感染，并具有防暑解热、凉血排毒、防治痢疾等功效。

（2）通便。空心菜含有丰富的纤维素，可以有效地促进肠道蠕动，对预防和控制便秘具有良好的效果。此外，空心菜是一种碱性食物，并含有钾、氯和其他一些调节水液平衡的元素，有利于肠道益生菌群的改善。

（3）美容减肥。空心菜中含有大量的叶绿素、维生素B_3、维生素C等，可以有效地降低人体内的胆固醇、甘油三酯等，具有降脂减肥、美容养颜的功效。

（4）降低血糖。空心菜具有降低血糖的作用，在降低血糖的同时，还可以补充必需的维生素和矿物质。

空心菜

四、烹饪与加工

炒空心菜

（1）材料：空心菜1000克，蒜3瓣，葱少许，油、盐适量。

（2）做法：将空心菜洗净，切段。锅内放油，待油热，放入葱、蒜末炒10秒。倒入空心菜，大火煸炒1分钟，加少许盐，菜软时再加油、盐，出锅即可。

空心菜炒肉

（1）材料：猪肉250克，空心菜200克，油、盐、姜、蒜、料酒、生抽、蚝油、淀粉、白糖适量。

（2）做法：空心菜洗净切段备用，猪肉切丝，倒入料酒、生抽、淀粉腌制10分钟。锅内倒油加热至八成热时放入蒜片与姜丝，炒出香味后倒入肉丝，炒至肉丝变色后加入空心菜，翻炒片刻后加入白糖与蚝油，拌匀后起锅前按口味加少许盐即可。

空心菜干

（1）预处理：采摘新鲜的空心菜，剔除发黄、腐烂部分。

（2）细加工：将空心菜清洗干净沥水后，放入沸水中，焯水后捞起来，用凉水使其温度降低，并挤干水分、晒干。

（3）成品：晒干后的空心菜密封保存，随用随取。

五、食用注意

（1）气虚体质、痰湿体质、阳虚体质、阴虚体质、常年腹泻、脾胃虚寒者不宜食用空心菜。

（2）空心菜属于寒性食物，不宜和寒凉的食物一起食用。

（3）空心菜最好用大火快炒，避免炒菜时间太久而造成营养成分流失。

（4）空心菜含钾量较高，有很好的降血压作用，低血压患者要少食。

人无心即死

相传，纣王和比干原来是如来佛的两只宠物，久听佛经，有了灵性。纣王是一只乌龟，比干是一只大鹏鸟。

一日，乌龟放了一个屁，臭不可闻。大鹏鸟厌其污秽，竟啄瞎乌龟的一只眼睛。两只宠物到文殊菩萨处评理，文殊菩萨将乌龟降于人世间投胎为纣王，大鹏鸟则到纣王手下为相。

后来，纣王为报前世之仇，借故将比干剖腹挖心，给妲己治病。而比干被纣王挖心后居然未死，还能飞马出北门，准备找纣王报仇。走了六七里之后，只听得路旁有一妇人手提篮筐，叫卖无心菜。比干听得叫卖之声，便勒马问道："怎么是无心菜？"妇人答道："民妇卖的就是无心菜。"比干问道："人若是无心，如何？"妇人答道："人若无心，即死。"比干大叫一声，跌下马来，一腔热血溅于尘埃。

原来如来佛为了不让这报应再轮回，请观音菩萨扮作卖空心菜的农妇，终止了两只宠物之间的仇怨杀戮。

苋菜

易称红苋美柔英，夬决穷阴日旅辰。
不以色红为贵尚，何因赤苋有仙人。

——《红苋》（南宋）史绳祖

一、物种本源

拉丁文名称，种属名

苋菜（*Amaranthus tricolor* L.），为苋科苋属一年生草本植物，又名青香苋、红苋菜、红菜、米苋、玉米菜、千菜谷、寒菜、汉菜等。

形态特征

苋菜茎粗壮，呈绿色或红色，常分枝；叶片卵形、菱状卵形或披针形，常呈绿色、红色、紫色、黄色，或部分绿色夹杂其他颜色。

习性，生长环境

苋菜喜温暖，较耐热，温暖湿润的气候条件对苋菜的生长发育最为有利。苋菜不择土壤，肥沃的沙壤土或黏壤土均可栽培。苋菜喜肥，通常以土层深厚、有机质丰富、土壤肥沃的菜园地最为适宜。苋菜品种很多，依据叶片颜色分为红苋、绿苋和彩色苋。绿苋叶片和叶柄为绿色或黄绿色，耐热性较强，适于春季和秋季栽培。红苋叶片和叶柄为紫红

苋　菜

色，耐热性中等，适于春季栽培。彩色苋叶边缘为绿色，叶脉附近为紫红色，质地较绿苋软糯，耐寒性较强，适于早春栽培。红苋和彩色苋食用时口感较绿苋软糯。

二、营养及成分

每100克苋菜中部分营养成分见下表所列。

碳水化合物	6克
蛋白质	2.9克
膳食纤维	2.3克
钾	0.3克
钙	0.2克
磷	63毫克
维生素C	30毫克
胡萝卜素	2毫克
维生素B_3	1.1毫克
维生素B_2	0.2毫克

三、食材功能

性味 味微甘，性凉。

归经 归肺、大肠经。

功能

（1）补血。苋菜对贫血症患者及老年血脉不足者有较大的益处。绿苋含的铁元素是菠菜的2～3倍，红苋含的铁元素是菠菜的5倍之多。可见，红苋是素食者最佳的补血食材。

（2）补钙。苋菜的钙含量是菠菜的2倍，且不含草酸，不会影响钙质的吸收。尤其是苋菜的质地细软，非常适合小孩、老人补充钙质。

（3）明目。苋菜含有丰富的矿物质、胡萝卜素、维生素C及蛋白质。其维生素C的含量高于番茄，植物蛋白的含量也很高。

（4）清热解毒。苋菜有清热解毒、通利小便等功效。苋菜性味甘凉，长于清利湿热、清肝解毒、凉血散瘀，对于湿热所致的赤白痢疾及肝火上炎所致的目赤目痛、咽喉红肿都有一定的辅疗作用。

（5）降血压。常食低钠高钾的绿苋，能帮助将人体多余的水分排出体外，维持血压的稳定，故高血压患者可多吃一些绿苋。

（6）强身健体。苋菜富含蛋白质及多种维生素和矿物质，其所含的蛋白质比牛奶更易被人体吸收，所含胡萝卜素比茄果类高2倍以上，可以为人体提供丰富的营养物质，有利于强身健体，提高机体的免疫力，有“长寿菜”之称。而且苋菜叶里富含赖氨酸，可弥补谷物氨基酸组成的缺陷，适宜于婴幼儿和青少年食用，对促进生长发育具有良好的作用。

四、烹饪与加工

炒苋菜

炒苋菜

（1）材料：苋菜500克，蒜2瓣，油、盐、鸡精、白糖适量。

（2）做法：将苋菜去老梗后洗净。将苋菜与拍碎的蒜放入锅中，以中火将苋菜烤萎，其间要不停地翻动，再顺锅边倒入油，翻炒均匀，加入盐、鸡精与少许的白糖调味。以中小火将苋菜再炒七八分钟，使其汤汁完全渗出，梗茎软而不烂即成。

凉拌苋菜

（1）材料：苋菜200克，蒜6瓣，葱2根，油、盐、鸡精、芝麻、生抽、辣椒油、白糖适量。

（2）做法：用压蒜钳将蒜压成碎末，小葱切碎，苋菜洗净。锅中加水，烧开后，放入苋菜焯制片刻。捞出后，入凉开水中过凉。将所有调味料和蒜末、葱花混合调成味汁。苋菜沥干水分，加入味汁、芝麻拌匀即可。

五、食用注意

（1）消化不良、腹满、肠鸣、大便稀薄等脾胃虚弱者忌食或少食苋菜；苋菜烹调时间不宜过长；不宜一次食用过多苋菜，否则易引起皮炎。

（2）苋菜在食用前最好用开水焯一下，去除所含植酸及菜中的残留农药。

（3）过敏性体质者应少食苋菜。

红苋补血

小孩子喜欢苋菜，主要原因可能在于它的汤汁。红红的汤汁浇在香喷喷的白米饭上，色香味俱全。人们常说吃什么补什么，于是就说这红色的汤汁是补血的。其实，关于红苋补血有个古老的传说。

相传在很久很久以前，安徽宿松大山里有个小山村。村里人质朴善良，相亲相敬，可是却有一个外地嫁过来的悍妇，经常干一些偷鸡摸狗、损人利己的事情。村里人看在眼里，却迫于悍妇的威吓，敢怒不敢言。悍妇的男人也是个老实人，更不敢多说一言半语。于是，村子里被悍妇弄得鸡飞狗跳。

土地公知道了，就把情况向天庭做了汇报。玉帝听了很生气，就派太白金星去察看。太白金星变作一位挑担的货郎，刚进村就被悍妇撞倒。货物撒了一地，悍妇见了就骂："瞎眼了你啊！"太白金星忍住怒气，收拾好货物，发现少了一根项链。太白金星就将悍妇变成了一条狗，脖子上套着大铁链子。

没想到悍妇变成狗之后，还是死性不改。这天，她把邻居家菜园里的苋菜一通乱咬，菜杆子都被她弄折了。悍妇的男人这个时候赶紧跑出来，决心为自己的妻子赎罪。他咬破自己的手指，用自己的鲜血将折断的苋菜杆子接在一起。说来也奇怪，苋菜杆子居然真的接好了，但是颜色都变红了。

后来人们吃苋菜的时候，发现了红色的汤汁，都说是这个丈夫赎罪而流的血，可以补血。太白金星知道后，将悍妇又变回了人形。悍妇也知道了自己的过错，和丈夫安分守己地生活在一起。

木耳菜

味似木耳乳肉肥，滑软甘香过枣泥。
八十叟翁捋须笑，呼出童子取醐醍。

——《食木耳菜》佚名

一、物种本源

拉丁文名称，种属名

木耳菜（*Basella alba* L.），为落葵科落葵属一年生缠绕草本植物，又名蒸葵、胭脂菜、豆腐菜、胭脂豆、藤菜等。

形态特征

木耳菜茎长1.5~2米，茎肉质，基部木质，叶大，无柄或有短柄；叶片呈倒卵形、长圆状椭圆形、椭圆形或长圆状披针形，顶端渐尖，基部楔状狭成短柄或无柄而扩大抱茎的宽叶耳。

习性，生长环境

木耳菜性喜温暖，耐热，不耐寒，喜光，整个生长季需充足的阳

木耳菜

光。木耳菜喜湿润，生长期内应经常保持土壤湿润。

木耳菜原产于亚洲热带地区，现在中国各地都有栽培。

二、营养及成分

每100克木耳菜中部分营养成分见下表所列。

碳水化合物	3.2克
蛋白质	1.6克
钙	2克
维生素C	1克
粗纤维素	0.8克
脂肪	0.2克
胡萝卜素	4.6毫克
铁	2.2毫克
维生素B_3	1毫克
维生素B_1	0.1毫克
维生素B_2	0.2毫克

三、食材功能

性味 味甘、酸，性寒。

归经 归心、肝、脾、大肠、小肠经。

功能

（1）清热解毒。木耳菜中含有胡萝卜素、铁、有机酸等，具有清热解毒、润肠凉血的功效。

（2）润肠通便。木耳菜中含有丰富的膳食纤维，膳食纤维对治疗便秘、润肠通便可以起到很好的效果。不仅如此，木耳菜还具有缓解皮肤干燥、治疗便血和腰酸腰软等症状的功效。

（3）美容养颜。木耳菜中钙和铁的含量非常高，所以具有一定的补血功效。木耳菜中含有的维生素C能排出皮肤中的毒素，且其中的碳水化合物能滋养皮肤，使皮肤保持弹性、白嫩。木耳菜中还含有丰富的纤维素，且热量不高，能够帮助减肥。

（4）其他作用。木耳菜具有温中行气、健胃提神、益肾壮阳、暖腰膝、散瘀解毒、活血止血、调和五脏等功效。可用于胸脾心痛、噎膈、反胃、各种出血、腰膝疼痛、痔疮脱肛、遗精、阳痿、妇人经产诸症的食疗。

木耳菜

四、烹饪与加工

木耳菜汤

（1）材料：木耳菜250克，油、盐、鸡精、姜丝适量。

（2）做法：木耳菜取叶子和顶尖嫩茎部分，清洗干净。锅中加水和姜丝，水开后放入木耳菜，加油、盐和鸡精即可。

蒜蓉木耳菜

（1）材料：木耳菜300克，蒜3瓣，油、盐、白糖适量。

（2）做法：将木耳菜清洗干净。热锅中倒油加热，放入蒜末爆香，下入木耳菜翻炒，翻炒几下后加入1勺白糖和适量的盐，大火翻炒2～3分钟后即可盛入盘中。

木耳菜干

（1）预处理：采摘新鲜的木耳菜，剔除枯叶、残叶。

（2）细加工：将木耳菜用盐水浸泡、洗净、切碎、沥干，沥干后再经酶解、腌制、烘烤等工序的加工。

（3）成品：烘烤后的木耳菜经低温真空冷冻干燥后即可。

五、食用注意

（1）脾、胃不好或温寒体质的人要少食或者不食木耳菜。

（2）烹调木耳菜忌慢火，要旺火快炒，不宜放酱油。

（3）烹调木耳菜前，忌切碎用水浸泡，防止维生素等营养成分流失。

只吃冤家不吃亲家

五月初五端午节，财主周扒皮为了平息长工们郁积的怨气，打算加点菜招待长工。周扒皮想把排场搞大点，显得自己慷慨。但是他又不愿意多花钱，于是就问长工们今年过端午想吃什么。

长工们觉得周扒皮一定在想什么花招，都不作声。只有一个长工说："素菜淡饭是亲家，鱼肉荤腥是冤家。"

周扒皮听了大喜，心想这下可好了：既然是冤家，那多做点鱼肉荤腥，看着也排场。这帮长工是真傻！开饭时，周扒皮准备了好多盘鸡、鸭、鱼、肉，相当丰盛，的确有排场。又炒了三大盆素菜，一盆青菜、一盆苋菜、一盆木耳菜。

哪知道，长工们大吃荤菜，不碰素菜。财主周扒皮急了，忙问："你们不是说鱼肉荤腥是冤家吗？"

长工们回答说："是呀，不吃冤家，难道吃亲家不成！"

长工们风卷残云，将一桌荤菜一扫而光。周扒皮有气发不出来，就冷笑说："我跟你们一样，素菜淡饭是亲家，鱼肉荤腥是冤家。现在你们把荤菜都吃完了，我吃什么？这样太不厚道了吧！"

那个长工说："东家您不一样，我看您富贵逼人，有君王的气度。您应该吃这盆'帝皇苗'（木耳菜），将来生个当帝王将相的儿子！"说着就把木耳菜送到周扒皮面前，擦擦嘴巴带着其他长工们离开了。

荆芥

今年春夏极穷忙，日检医书校药方。
甫得木瓜治膝肿，又须荆芥沐头疡。
一生辛苦身多病，四至平和脉尚强。
寿及龟堂老睦守，不难万首富诗囊。

——《病后夏初杂书近况十首（其七）》（元）方回

一、物种本源

拉丁文名称，种属名

荆芥（*Nepeta cataria* L.），为唇形科荆芥属多年生草本植物，又名香荆荠、线荠、四棱杆蒿、假苏、猫薄荷假苏、鼠蓂、鼠实、姜芥、稳齿菜、四棱杆篙等。

形态特征

荆芥清香气浓，茎坚强，基部木质化，多分枝，高40～150厘米，基部近四棱形，叶黄绿色。荆芥主要有尖叶品种和圆叶品种。圆叶品种茎较粗，节间短，叶片肥大、脆嫩、品质好，故一般多栽培圆叶品种。

习性，生长环境

荆芥对气候、土壤等环境条件要求不严，但喜温暖、湿润气候。荆芥在中国大部分地区有分布，主产于安徽、江苏、浙江、江西、湖北、河北等地，多系人工栽培。

荆　芥

二、营养及成分

荆芥中含有丰富的挥发类物质。荆芥地上部分、穗、梗分别含1.1%、1.7%、0.6%的挥发油，其中主要成分为胡薄荷酮、薄荷酮、异薄荷酮和异胡薄荷酮，穗状花序含单萜类、黄酮类成分等。

三、食材功能

性味 味辛，性温。

归经 归肺、肝经。

功能

（1）解热镇痛。荆芥含有d–薄荷酮等物质，因而煎剂具有解热、镇痛作用。

（2）止血作用。荆芥炭含有的脂溶性物质，能够发挥止血功效。

（3）抗菌抗炎。荆芥对金黄色葡萄球菌和白喉杆菌有较强的抑制作用。此外，对炭疽杆菌、乙型链球菌、伤寒杆菌、痢疾杆菌、绿脓杆菌和人型结核杆菌等有一定的抑制作用，荆芥对醋酸引起的炎症有明显的抗炎作用。

四、烹饪与加工

凉拌荆芥

（1）材料：荆芥300克，大蒜5瓣，醋、盐、芝麻油适量。

（2）做法：将荆芥去除老茎后，放在水中清洗干净。锅中加入水，加热至水沸腾，把清洗好的荆芥倒入开水中，迅速捞起，沥干水分后，放入盘中。大蒜切末放入碗中，加入醋、盐、芝麻油，用筷子搅拌均匀，做成调味汁。把做好的调味汁淋洒在盘中的荆芥上面即可。

荆　芥

荆芥面托

（1）材料：荆芥200克，鸡蛋1个，面粉、盐适量。

（2）做法：荆芥洗净，控水。将面粉放入盆里，加入鸡蛋和盐，慢慢加入清水搅拌成流动状。锅内倒油烧热，将荆芥沾满面糊，小火油炸，炸至金黄即可出锅装盘。

荆芥炭

（1）预处理：采摘新鲜的荆芥，洗净，切段。

（2）细加工：取切段的荆芥置锅内，用武火炒至表面呈焦黑色、内部呈焦黄色，喷淋少许清水，熄灭火星。

（3）成品：取出，晾干即可。

五、食用注意

（1）表虚自汗、阴虚头痛者忌食荆芥。

（2）荆芥不宜多食，长期食用荆芥容易导致口渴。

荆芥让产妇起死回生

很久以前，有位年过三十的妇人，初次怀孕生下一个男孩。全家高兴不已，家中整日充满了喜悦的气氛。

有一天，妇人午睡时觉得身体很热，下意识掀去了薄薄的被子。由于家中连日宴请四方亲友，妇人劳累过度，不知不觉一直睡到黄昏，家人准备晚饭的声响也没有使她醒来。丈夫和小妹进屋想叫她吃饭，只见她像喝醉了酒一样，直直地躺在床上，手脚稍微硬直，已经不省人事了。丈夫见状，赶紧跑去请医生。

不一会儿，第一位医生来了。他看着产妇的病状，经过很长时间的诊脉、思考，最后摇摇头，一言不发地低头走了。第二位医生来了。他听了病情介绍，看看病人，还未诊脉就表示毫无办法，便告辞了。接着，第三位医生也来了，他也只是看看病人的样子后，就摇摇头走了。连着请了三位医生，都没有医治办法，家人急得团团转，有的人已经发出了悲哀的哭泣声。

正在此时，从正对大街的大门外，走进一位不叫门也不打招呼的老者，看上去已有相当大的年纪。老者须发雪白，双目有神，脚步有力。老者进屋后仔细询问了妇人及家人的生活情况，然后走近妇人的床前看了看，慢慢说道："让我来试试！"

老者从衣兜里掏出一个小瓶，取出一些黄褐色的粉末，用绍兴酒调匀，将妇人的嘴张开，把药液灌进胃内。老者让家人们坐在妇人身旁，观察她脸色的变化情况。

过了三四个钟头，妇人的手微微地动了一下，一会儿腿脚也相继动了几下，渐渐地恢复了知觉。大家的脸上露出了笑容，这才有人问道："老神仙啊，您用的是什么灵丹妙药，竟能起死回生!”

老者笑着答道：“我用的药是荆芥。当初我看到夫人的病情后，判断是因为产后劳累，内热蓄积体内，汗出又导致毛孔开放，故而风邪从毛孔侵入体内，导致中风，继而引起昏睡。”老者稍作停顿，擦了擦额头的汗珠，“其实我也没有十足的把握，现在看来，荆芥对此种病例确有疗效。对我来讲是很大的发现，真是值得庆贺的事。”

就这样，荆芥用于产后中风症，渐渐地被广泛流传。

荸荠

荸荠有皮，皮上有泥。
洗掉荸荠皮上的泥，削去荸荠外面的皮。
荸荠没了皮和泥，干干净净吃荸荠。

——《吃荸荠》绕口令

一、物种本源

拉丁文名称，种属名

荸荠［*Eleocharis dulcis*（Burm. f.）Trin.］为莎草科荸荠属多年生水生草本植物，又名马蹄、地栗、孛脐、水芋、马薯、红慈姑、乌茨、凫茨、尾梨等。

形态特征

荸荠皮色紫黑，肉质洁白，味甜多汁，清脆可口，以个大、新鲜、皮薄、肉细无渣者质佳。荸荠自古有“地下雪梨”之美誉，北方人视之为“江南人参”。

习性，生长环境

荸荠性喜温暖湿润，不耐霜冻，喜生于池沼或水田，食用部分为其地下球茎。

荸荠品种一般分为干、湿和干湿两者之间三大类。干荸荠产于广西、福建沙质土壤中；湿荸荠产于浙江一带的低畦泥沼地的黏性土壤中；干湿之间荸荠产于江苏洪泽湖一带的黏夹沙的土壤中。

荸　荠

中国长江以南各省荸荠栽培普遍 。安徽无为、广西桂林、浙江余杭 、江苏高邮和福建福州为著名产地。

二、营养及成分

荸荠含有蛋白质、膳食纤维、脂肪、维生素A、维生素B、维生素C、维生素E、胡萝卜素、钙、磷、钾、钠、锌等营养物质。每100克荸荠中部分营养成分见下表所列。

碳水化合物	14.2克
蛋白质	1.2克
膳食纤维	1.1克
脂肪	0.2克

三、食材功能

性味 味甘，性寒。

归经 归肺、脾、胃经。

功能

（1）补充能量。荸荠营养丰富，其所含的磷是根茎类蔬菜中较高的，能促进人体生长发育和维持生理功能，对牙齿、骨骼的发育有很大好处，同时可促进体内的糖、脂肪、蛋白质三大物质的代谢，调节酸碱平衡。

（2）抗菌。荸荠中含有的“荸荠英”，对金黄色葡萄球菌、大肠杆菌、产气杆菌及绿脓杆菌均有一定的抑制作用，对降低血压也有一定效果。

（3）其他作用。荸荠含有粗蛋白、淀粉，能促进大肠蠕动。荸荠所含的粗脂肪有滑肠通便的作用，可用来治疗便秘等症。荸荠质嫩多津，可治疗热病津伤口渴之症，对糖尿病患者或尿多者，有一定的辅助治疗作用。

四、烹饪与加工

青椒荸荠炒肉片

（1）材料：荸荠200克，猪瘦肉150克，青椒1个，红椒1个，姜1个，蒜2瓣，淀粉10克，油、盐、酱油、白糖、花椒面、黄豆酱、鸡精适量。

（2）做法：姜、蒜去皮，切片。青椒、红椒洗净，切成1.5厘米左右的段。荸荠去皮后，切成块状。猪瘦肉切成1厘米左右的丁，加入酱油、白糖、盐、花椒面、鸡精拌匀，腌10分钟入味，再加淀粉、油，搅拌均匀。锅内放入油，将荸荠、青椒、红椒一起放入锅中翻炒2分钟左右，盛出备用。锅中放入油，倒入猪瘦肉，快速翻炒至猪瘦肉变色。放入姜、蒜、黄豆酱炒香入味。倒入炒好的荸荠、青椒、红椒，继续翻炒半分钟，关火，加入盐、鸡精，炒匀装盘。

荸荠粉

（1）预处理：选新鲜无伤的荸荠，用清水洗净，切去尾蒂。

（2）细加工：将荸荠捣烂，加入等量清水，用粉碎机粉碎，用纱布将浆汁过滤去渣，待荸荠粉沉淀后，除去上层的水浆，用棉布包裹住荸荠粉，挤去多余的水分。

（3）成品：将细加工的荸荠粉晒干、粉碎即成。

荸荠糕

（1）预处理：将去皮的荸荠切成细末或磨成泥状。

（2）细加工：将荸荠粉、玉米面用清水拌成粉浆，蛋黄搅碎待用。

荸荠炒肉片

锅内加清水，将白糖加热至融化，再慢慢倒入粉浆，并不断搅拌，使锅内粉浆逐渐干缩成为糕坯，再把蛋黄均匀地加在糕坯上。另取方盘涂上花生油或其他食用油，将糕坯倒入盘中，用旺火蒸至熟透取出。

（3）成品：放凉后切成长方块即为成品。

五、食用注意

（1）不可食带皮生荸荠，防止布氏姜片吸虫（姜片虫）感染。如要生食可先去皮，再经沸水浸烫方可食用。

（2）脾肾虚寒和有瘀血者忌食荸荠。

（3）胃内寒凉、不易消化者不宜多食荸荠。

（4）食用荸荠不要过量，过量令人腹胀，易导致滑肠下泻。

（5）小儿和消化力弱的老人不宜多食荸荠。

（6）风寒咳嗽、溃疡病、结肠炎患者不宜食荸荠。

“双莲荸荠”的传说

很多年以前，双莲老街住着罗姓和李姓两户人家。罗家有个儿子叫罗小郎，李家有个女儿叫李小缓。两家大人往来亲密，小娃们感情也好，两家便商量定下了亲事。

哪知到了该成亲的时候，老街发生了一场火灾，烧掉了半边老街。罗家人保留了性命，但房子家底都烧没了。李家住在罗家对门，着火时东南风帮了忙，房子无碍。眼看罗家生活艰难，李家想去退婚，但碍于面子说不出口。两个小娃的亲事，李家不去退，罗家不来迎，一拖又是三四年。李小缓看在眼里，愁在心里，每日以泪洗面。

有一年元宵节，双莲老街的男女老少都上街观灯，李小缓也和几个女伴一起去了。龙灯舞过，李小缓抬头见到了罗小郎，只见他衣裳单薄，形容枯槁。李小缓心里一酸，眼泪簌簌往下流。相对无言，唯有泪千行。两人默默走到儿时嬉戏的石桥旁边，约定死后化为鸳鸯，竟一起殉情，跳了塘河。

到了第二年六月，在那塘河桥边，开了一株并蒂莲，这是千年难见的奇事。县老爷知晓后，命人围堰筑堤，车水挖土，一探究竟。只见河底有一男一女两具遗体，互相依偎，那并蒂莲就是从这里生长出来的。

人们说这正是罗小郎和李小缓，县官了解内中曲折后深受感动，吩咐将这两具遗体合葬在一起。后来，为了纪念这对有情人，人们称这座桥为双莲桥，在桥边又修了寺庙，名为双莲寺。

话说寺后玉泉山上流下两股清泉，一股向东，一股向西，向东的是闻名天下的“珍珠泉”，向西的泉水也有珍珠——荸荠，就是被称作“黑珍珠”的“双莲荸荠”。

慈姑

茨菰叶烂别西湾，莲子花开犹未还。
妾梦不离江水上，人传郎在凤凰山。

——《江南行》（唐）张潮

一、物种本源

拉丁文名称，种属名

慈姑［*Sagittaria trifolia* L. var. *sinensis*（Sims.）Makino］，为泽泻科慈姑属多年生沼生水生草本植物，又名茨菰、水慈菰、咋姑、白地栗、水萍、燕尾姑、剪刀草等。

形态特征

慈姑，有纤匐枝，枝端膨大而成球茎，翌年由此而生新植株。慈姑一年根生十二个子，若有闰月则结十三个子，慈姑因此而得名。

慈　菇

习性，生长环境

慈姑生于浅水沟、溪边或水田中，有很强的适应性，在陆地上各种水面的浅水区均能生长，但要求光照充足、气候温和、较背风的环境。

慈姑主要的品种有广东白肉慈姑、沙菇，浙江海盐沈荡慈姑，江苏宝应刮老乌、苏州黄，广西梧州慈姑等。

慈姑在我国唐代以前就有种植，目前，在我国长江以南各省广泛栽培。

二、营养及成分

慈姑富含碳水化合物、蛋白质、糖类、无机盐、维生素B、维生素C及胰蛋白酶等多种营养成分。此外，还含有维生素E、氨基酸、钙、铁、磷、硒等营养物质。每100克慈姑中部分营养成分见下表所列。

碳水化合物	23克
蛋白质	4.1克
膳食纤维	3.1克
脂肪	0.3克

三、食材功能

性味 味苦，性微寒。

归经 归心、肝、肺经。

功能

（1）提供能量。慈姑所含丰富的蛋白质、氨基酸和碳水化合物，可促进机体发育，为机体供给能量。

（2）促进代谢。慈姑中丰富的磷元素是骨髓、牙齿和核蛋白等的组成成分，并可促进体内三大代谢，调节酸碱平衡。慈姑中钾的含量仅低于蘑菇，是其他蔬菜的数倍至数十倍，钾可以维持体内的各种平衡状态，维持心跳节律，参与物质代谢，并有利尿等作用。

（3）其他作用。慈姑可散热消结、解毒利尿、强心润肺，对心慌心悸、心功能欠全、水肿、淋症、小便疼痛、肺燥、咽痒、咯血、恶疮毒肿等症有食疗康复之效。

慈 姑

四、烹饪与加工

慈姑烧肉

（1）材料：五花肉400克，慈姑100克，八角1个，姜6片，老抽、生抽、料酒、油、豆瓣酱适量。

（2）做法：将五花肉切好，焯水，洗净，控干水分备用。热锅冷油（油适量多一些）下八角、姜片后，下五花肉翻炒，大火炒出一部分猪油。然后依次放入料酒、生抽、老抽、豆瓣酱，翻炒均匀后，加水，以刚刚没过五花肉为宜（由于放了豆瓣酱，因此不要放盐）。大火烧开后转小火炖煮半个小时。将洗净切好的慈姑放入锅中，中火煮15分钟左右，转大火收汁，出锅。

黄油慈姑丁

（1）材料：慈姑500克，黄油30克，牛奶15克，淡奶油5克，彩椒1个。

（2）做法：碗内放入淡奶油、牛奶及软化后的黄油，搅拌均匀。上锅隔水蒸熟慈姑，再将慈姑去皮切丁，下锅用黄油、彩椒炒香，加入搅拌均匀的淡奶油、牛奶和黄油即可装盘。

油炸慈姑脆片

（1）材料：慈姑500克，油、盐、黑胡椒粉适量。

（2）做法：慈姑去皮，切成薄片。将薄片泡在水里洗去淀粉，捞出吸干水分。锅内放油加热，五成热时放入慈姑薄片，炸至浅浅的金黄色，即可捞出，然后放在厨房纸上吸去多余的油，撒上适量盐和黑胡椒粉即可。

五、食用注意

（1）慈姑对铅等重金属具有较强的吸收和积累能力，所以慈姑球茎表皮的铅积累量较高。因此在食用慈姑时，一定要去除表皮，把顶芽掐掉。

（2）服用红霉素时，不宜同时食用慈姑。慈姑钙磷含量多，而红霉素与含钙、磷、镁量多的食物相克。

（3）孕妇应慎食或不食慈姑。

（4）慈姑不能生食，要煮熟食用。

慈姑救民

相传江苏宝应因离海很近，就连东海老龙王打个喷嚏，岸上都要掀起一阵狂风。

传说龙王太子小白龙喜欢出来玩耍，他一出来就呼风唤雨、兴风作浪，掀起阵阵海啸。这可害苦了黎民百姓，田被淹了，庄稼颗粒无收，每年都要饿死不少人。

这事被南海观音菩萨知道了，就派了一位仙女下凡，解救黎民疾苦。这位仙女长得俊秀端庄，慈眉善目，大家都叫她慈姑。慈姑望着农田被淹，白茫茫一片，老百姓都在挨饿，她十分不忍，就到处找食物，终于找到一种野生的水生植物。这种植物不怕水淹，它的根上长了许多像圆球一样的肉疙瘩，可以充饥，又很有营养。因路途遥远，慈姑怕这种植物干死，就一路用自己的泪水滋润它。带回来以后，她又教大家如何种植。于是，这种植物就在宝应传了下来。每逢大水灾年，水稻歉收，家家就种这种水生植物当粮食，乡亲们再也不用挨饿了。

过了很多年，大家都不知道这种植物叫什么名字。因为它是慈姑千里迢迢找来的，为了纪念她，人们就把这种植物叫作“慈姑”。因为慈姑当年用眼泪滋润过它，所以“慈姑”的味道稍微有点苦。

菱角

古岸开青葑，新渠走碧流。
会看光满万家楼。
记取他年扶路、入西州。
佳节连梅雨，余生寄叶舟。
只将菱角与鸡头。
更有月明千顷、一时留。

——《南歌子·湖景》
（北宋）苏轼

一、物种本源

拉丁文名称，种属名

菱角（*Trapa bispinosa* Roxb.），为菱科菱属一年生草本水生植物菱的果实，又名芰、水菱、风菱、乌菱、水栗、菱实、芰实、腰菱、水栗子等。

形态特征

菱角两端呈尖角状，形似牛角。菱角有许多不同的品种，若按其角的数目，可分为无角菱、两角菱、四角菱；若按其颜色，可分为红菱、青菱、紫菱等。

习性，生长环境

菱角一般栽种于温带气候地区的湿泥地中，如湖泊、池塘、沼泽地。

菱角在我国多栽培于南方，如长江下游地区和珠江三角洲等地。湖北、安徽、江苏、湖南、江西、浙江、福建、广东、台湾，以及陕西南部等地也有栽培，其中以湖北洪湖最多。

菱　角

二、营养及成分

菱角含有丰富的蛋白质、碳水化合物、不饱和脂肪酸及多种维生素和矿物质，如维生素B_1、维生素B_2、维生素C、胡萝卜素及钙、磷、铁等。每100克菱角中部分营养成分见下表所列。

蛋白质	4.5克
膳食纤维	1.7克
脂肪	0.1克
钾	437毫克
磷	93毫克
镁	49毫克
维生素C	13毫克
钙	7毫克
钠	5.8毫克
维生素B_3	1.5毫克
锌	0.6毫克
铁	0.6毫克
锰	0.4毫克
维生素B_1	0.2毫克
铜	0.2毫克

三、食材功能

性味 味甘，性凉。

归经 归脾、胃经。

功能

（1）减肥健美。食用菱角可增加饱腹感，且不易堆积脂肪，因而具有减肥健美的功效。

（2）排毒养颜。菱角具有清热解毒的功效，可以缓解皮肤疾病，治疗皮肤脓疮。

（3）其他作用。生食菱角能降燥止渴、清热解暑，熟食可补气、健脾。

四、烹饪与加工

菱角烧肉

（1）材料：五花肉300克，菱角500克，姜6片，老抽、生抽、料酒、油、盐、白糖适量。

（2）做法：锅内烧水，水里放入姜片，将五花肉焯水后切块备用。热锅下油，放姜片炒香，下沥过水的五花肉块，翻炒至出油，倒

菱 角

入料酒、生抽、老抽，加入白糖给五花肉块上色，再加入开水，小火炖约20分钟。倒入菱角，加盐，再小火炖20分钟左右，大火收汁，起锅装盘。

莲藕菱角大骨汤

（1）材料：菱角200克，藕200克，排骨300克，红枣4颗，盐适量。

（2）做法：将排骨放在水里浸泡1小时，水里放盐，去除血水，让排骨更加有口感。莲藕削皮，洗净，切成大块备用。菱角汆烫后去除外表皮备用。将排骨、莲藕、菱角、红枣一起放入锅中，加入适量的水，没过所有的材料，大火煮开，然后转小火炖1小时，出锅之前加入适量的盐调味即可。

菱角粉

（1）预处理：把采收的新鲜菱角堆放在木桶里，约7天后，果皮呈黑色。

（2）细加工：将已变色的菱角放入清水中浸漂4~5天，用木棒搅动，使菱角表皮脱落（老菱角可不脱皮），洗净并晒干其外壳。然后将晒干外壳的菱角用碓舂碎，用粗孔筛筛去菱壳。筛下的菱角碎置于清水中浸漂，并随时捞出浮在水面的菱角壳。经约24小时的浸泡，即可在石磨或钢磨上磨成浆汁，用白布滤去残渣。将滤液盛于盆内，静置数小时，待淀粉沉淀后，舀去上层水浆。

（3）成品：晒干或烘干下部沉淀物，即得菱角粉。

五、食用注意

（1）新鲜菱角中含有寄生虫，食用后容易导致腹泻、腹痛，严重时会引发贫血和浮肿，因此不宜生食。

（2）菱角性凉，脾胃虚弱的人群尽量少食。

水红菱和尼姑菱

传说，乾隆下江南路经浙江嘉善西塘镇祥符荡时，天色已晚，便决定在祥符荡周家滨的尼姑庵里借宿一夜。

那时，秋高气爽，正是百姓们采摘红菱的季节。晚上，村里的百姓听说乾隆住在尼姑庵里，就带着刚采下来的鲜嫩水红菱，去孝敬皇帝。

乾隆十分喜欢，让宫娥给他剥了一颗尝一尝，好嫩好甜！龙颜大悦，乾隆便与百姓们闲聊起来。一位大娘一边双手捧着又红又大的红菱让皇帝品尝，一边问："皇上，可知道这碧绿生青、四角棱棱的菱壳怎么变成水红色的呢？"

原来，祥符荡边住着个洪老伯，洪老伯有个16岁的独女叫红玲，生得玲珑漂亮，细皮白肉红脸蛋，做起活来件件皆能。村上有个财主，他的儿子生得凹面凸额骨，像只猴子，却癞蛤蟆想吃天鹅肉，仗势欺人，要娶红玲姑娘做二房，红玲姑娘执意不从。

财主的儿子心生诡计，趁红玲姑娘在祥符荡里忙着采菱时，不顾死活地扑向红玲姑娘。小小菱桶哪经得起两人的扭打，在荡中猛烈摇晃了一阵，终于失去平衡，翻了个底朝天，红玲姑娘被罩在桶底下淹死了。

来年秋天，祥符荡里长出的菱就变了样，成了水红色的。村上人觉得这水红菱是红玲姑娘变的，所以颜色很漂亮，受人喜爱。

乾隆听着听着，一不留神被水红菱的角戳了手指，乾隆笑着说："要是这水红菱没有角就好了。"

后来，祥符荡里竟然真的长出了几只无角红菱。于是当地人小心翼翼地将之作为菱种收了起来，来年种植下去。一年又一年，在农民们的精心培育下，无角水红菱越来越多，而颜色也慢慢由红色变为青黄色。

百姓们为了纪念乾隆在尼姑庵吃红菱的事，就把这种青黄色的无角菱取名为“尼姑菱”，一直流传到现在。

莲藕

蛟人折向水晶宫，却著金刀截玉筒。
齿颊冰浆流不尽，洒然嚼碎玉玲珑。

——《邵伯藕》（元）郝经

一、物种本源

拉丁文名称，种属名

莲藕（*Nelumbo nucifera* Gaertn.），为睡莲科莲属多年生水生宿根草本植物，食用部分为莲的肥大根茎，又名藕、莲、莲根、荷梗、灵根、光旁、菡萏、芙蕖、莲菜、藕丝菜、水芝丹等。

形态特征

莲的地下茎叫藕，水生类蔬菜，形状肥大有节，内有管状小孔。藕分为红花藕、白花藕、麻花藕。红花藕瘦长，外皮褐黄色、粗糙，水分少，不脆嫩；白花藕肥大，外表细嫩光滑，呈银白色，肉质脆嫩多汁，甜味浓郁；麻花藕粉红色，外表粗糙，含淀粉多。按藕茎生成的通心孔数，可分为两种，一种是七孔藕，一种是九孔藕，九孔藕比七孔藕的水分含量高，淀粉含量则是七孔藕较高。

莲　藕

习性，生长环境

莲藕主要栽培于沼泽地，适宜在炎热多雨季节生长。莲藕喜温暖环境，15℃以上种藕才可萌发，生长旺盛期要求温度为20～30℃。莲藕为喜光植物，不耐阴，生育期内要求光照充足。莲藕在整个生育期内不可缺水，萌芽生长阶段要求浅水，水位以5～10厘米为宜。莲藕生长以富含有机质的壤土和黏壤土为最优。莲藕在我国分布十分广泛，栽培历史悠久，主产区在长江流域和黄淮流域。

二、营养及成分

莲藕中含有维生素A、维生素B_1、维生素B_2、维生素B_3、维生素C、维生素K、维生素E、胡萝卜素、钙、铁、镁、锌，以及天门冬素、焦性儿茶酚、d–没食子儿茶精、新绿原酸、无色天车菊素、无色飞燕草素等多酚化合物与过氧化物酶等有机营养物质，还含有氨基酸、天冬碱、葫芦巴碱、干醋基酸等。每100克藕中部分营养成分见下表所列。

碳水化合物	14.9克
蛋白质	2.5克
膳食纤维	0.5克
脂肪	0.3克

三、食材功能

性味 味甘，性寒。

归经 归心、肺、脾、胃经。

功能

（1）美容祛痘。吃莲藕能起到养阴清热、润燥止渴、清心安神的作用，长期食用能清热祛痘、滋润皮肤，可保持脸部光泽，有益血生肌的功效。

（2）降糖降脂益肠道。莲藕富含膳食纤维，热量却不高，因而能控制体重，有助于降低血糖和胆固醇水平，促进肠道蠕动，预防便秘和痔疮。鲜藕生姜汁还可治疗肠道炎症。莲藕还含有鞣酸，因而有一定健脾止泻的作用，能增进食欲，促进消化，开胃健中，有助于减轻秋季便秘引起的胃纳不佳，可使食欲不振者恢复健康。

莲　藕

（3）排毒养颜。莲藕富含淀粉、蛋白质、维生素B、维生素C、碳水化合物及钙、磷、铁等多种矿物质，能利尿通便，帮助体内废物和毒素的排出。在根茎类食物中，莲藕含铁量较高，因此缺铁性贫血者最适宜吃莲藕。莲藕中的多种微量元素有益于红细胞的产生，维持肌肉和神经正常工作。

（4）止痛减压护心脏。莲藕中富含维生素B（特别是维生素B_6），维生素B有去烦躁、缓解头痛和减轻压力等功效，进而改善心情，降低患心脏病的风险。

四、烹饪与加工

桂花糯米藕

（1）材料：莲藕100克，糯米100克，莲子10颗，红枣8颗，红糖、冰糖、桂花酱适量。

（2）做法：糯米提前用清水泡1天。莲藕洗净，去皮，用刀在莲藕的一头连同藕蒂一起切掉两三厘米，留作盖子，然后用水冲一下藕眼，洗去泥沙，沥干水分。将已经泡好的糯米填入藕眼中，把藕蒂盖子盖上，并用牙签固定封口。把莲藕放入锅里，倒入清水，水量要没过莲藕，再把红枣和莲子也一同放入锅里，加入红糖和冰糖。盖上锅盖，大火烧开，转文火煮约2小时。煮好后，自然放凉，凉透后切片，装盘浇上桂花酱即可。

藕粉

（1）预处理：选择节粗、淀粉含量高、新鲜的莲藕，洗净，切除藕蒂。

（2）细加工：将莲藕用捣碎机捣碎磨浆，然后将藕浆盛在布袋里，布袋下接缸、盆等容器，向布袋里倒入清水冲洗，边冲边翻动藕渣，直到藕渣内的藕浆洗净为止。静置1天，倒去上层的水浆，将下层沉淀的藕粉块用布袋或细纱布包好，用绳吊起沥干。然后将湿藕粉块掰成小粉团，放在阳光下晒1～2小时或烤房里烤1～2小时。

（3）成品：待藕粉干后，用塑料薄膜袋密封保存。

藕粉汤圆

（1）预处理：藕粉碾碎过筛放入碗内，熟的黑芝麻打成粉。

（2）细加工：在黑芝麻粉里加入细砂糖和少许猪油，再加少许清水，把黑芝麻粉揉捏成小团，即馅心。将馅心滚上一层藕粉，取出装入爪篱中放入锅内沸水中，迅速捞起，再放入碗内滚一层藕粉，依此反复多次，使之成为大的圆子。

（3）成品：将做好的藕粉汤圆装袋密封，冷冻保存。

五、食用注意

（1）烹煮莲藕食品时忌用铁器，以免引起菜肴发黑。

（2）莲藕不宜放在冰箱里保鲜，因为在5℃以下长时间贮藏，会使莲藕组织发生软化而无法食用。

（3）莲藕性寒，脾胃虚寒的人应忌食。

（4）生食莲藕不宜过多，多则动冷气，可导致腹痛与滑肠。

藕节救驾

藕节开胃消食，清凉解毒，自古就备受民间推崇，《养疴漫笔》里就记载了一个藕节救驾的故事。

宋隆兴元年（1163年），高宗退位，孝宗继位当朝。这孝宗皇帝一登上皇位便穷奢极欲，吃腻了山珍海味，就挖空心思吃湖蟹，每日派数十人下湖捉蟹。孝宗因多食湖蟹，导致腹痛腹泻，御医诊治数日不效。

虽然孝宗不是高宗亲生儿子，但是高宗依然心急如焚，于是微服私访，为孝宗寻医找药。这一天，高宗来到京城西北的大街上，只见人流熙熙攘攘，一个药房面前摆了一大担鲜藕节，人们争相购买。高宗不解，询问药师后才知此为治痢之故，乃召药师入宫为孝宗治疗。

药师入宫后仔细询问孝宗病因，又把脉叩诊，然后禀道："陛下此疾乃因过食湖蟹损伤脾胃，导致痢疾，需服新采藕节汁，数日可康复。"高宗大喜，忙令人取来金杵臼，将藕节捣汁，送与孝宗热酒调服。几日后，孝宗果然康复。

此后孝宗也一改享乐之习，专心理政，一时百姓富裕，五谷丰登，太平安乐，史称"乾淳之治"。这在风雨飘摇的南宋，实为难得，孝宗也被后世公认为南宋诸帝之首。

参考文献

[1] 陈寿宏. 中华食材 [M]. 合肥：合肥工业大学出版社，2016：89-143.

[2] 李常友. 中国素菜集锦 [M]. 西安：陕西科学技术出版社，2005：267-275.

[3] 李朝霞. 中国食材辞典 [M]. 太原：山西科学技术出版社，2012：110-126.

[4] 马洪波，张娜，张岚. 传统烹调与微波烹调对蔬菜中维生素C的影响 [J]. 吉林医药学院学报，2010，31 (3)：137-140.

[5] 宋元林. 中药菜用蔬菜的种类及特点 [J]. 中国果菜，2002 (2)：44.

[6] 王化，郭培华. 中国蔬菜传统文化科技集锦 [M]. 北京：科学出版社，2016：16-20.

[7] 王桃云，沈雪林，蒋伟娜，等. 香青菜营养成分分析与品质评价 [J]. 食品工业，2016，37 (8)：294-297.

[8] 王玉刚，徐巍，冯辉，等. 几个不结球白菜品种营养品质比较 [J]. 北方园艺，2006 (1)：15-16.

[9] 张德双，金同铭，徐家炳，等. 几种主要营养成分在大白菜不同叶片及部位中的分布规律 [J]. 华北农学报，2000 (1)：108-111.

[10] 屈淑平，张耀伟，崔崇士. 大白菜综合风味品质的鉴定及其相关性状研究

[J]. 东北农业大学学报，2004（2）：140-143.

[11] 宋廷宇，侯喜林，何启伟，等. 薹菜、大白菜与白菜营养成分评价 [J]. 山东农业科学，2007（5）：21-22.

[12] 刘延刚，沈兆堂，张永涛，等. 大白菜的营养保健功能及秋季安全优质高效栽培技术 [J]. 上海农业科技，2015（2）：87-88+90.

[13] 舒英杰，周玉丽. 我国的乌塌菜研究 [J]. 安徽技术师范学院学报，2005（1）：15-18.

[14] 丁云花，何洪巨，赵学志，等. 不同类型花椰菜主要营养品质分析 [J]. 中国蔬菜，2016（4）：58-63.

[15] 黄聪丽，朱凤林，刘景春，等. 我国花椰菜品种资源的分布与类型 [J]. 中国蔬菜，1999（3）：39-42.

[16] 司春杨，于卓. 花椰菜营养价值谈 [J]. 中国果菜，2008（3）：56.

[17] 王梦雨，袁雯馨，汪炳良，等. 不同采后处理对青花菜功能成分和品质的影响 [J]. 食品安全质量检测学报，2018，9（7）：1542-1547.

[18] 王超. 甘蓝类蔬菜的营养与保健 [J]. 食品研究与开发，2002（5）：66-67.

[19] 邓英，宋明，吴康云，等. 不同叶用芥菜品种营养成分分析 [J]. 中国蔬菜，2010（2）：42-45.

[20] 刘佩瑛. 中国芥菜 [M]. 北京：中国农业出版社，1996.

[21] 张静，张鲁刚，张玉. 芥蓝种质资源营养成分及商品性评价 [J]. 中国蔬菜，2009（16）：41-44.

[22] 张部昌，袁华玲，刘才宇. 安徽萝卜品种资源营养品质分析与评价 [J]. 作物品种资源，1999（2）：42-43.

[23] 郭新波. 生菜特殊营养品质评价与代谢工程强化研究 [D]. 上海：复旦大学，2013.

[24] 李哲，王喜山，赵国臣，等. 生菜的营养价值及高产栽培技术 [J]. 吉林蔬菜，2014（9）：14-15.

[25] 张洪涛. 茼蒿的利用价值与优质高效栽培技术 [J]. 现代农业科技，2007（9）：34+38.

[26] 阮海星，俞红，殷忠，等. 茼蒿营养成分分析及评价 [J]. 微量元素与健

康研究，2008（2）：38-39+43.

[27] 金玉忠，马艺荞，谭克，等. 绿色食品——设施莜麦菜生产技术规程[J]. 吉林蔬菜，2018（9）：22-23.

[28] 沈兴贤. 莴笋营养价值及高产高效栽培技术[J]. 上海蔬菜，2011（5）：24-25.

[29] 戴国辉，孙志栋，吴海军，等. 莴笋的营养保健价值及其加工开发[J]. 农产品加工（学刊），2008（11）：43-46.

[30] 刘伟，董加宝. 芦蒿的开发利用[J]. 中国食物与营养，2006（7）：22-23.

[31] 张晓青，韩琪，魏国平，等. 菊科几种野菜的营养价值与种植技术[J]. 江苏农业科学，2016，44（3）：174-176.

[32] 彭燕，顾伟钢，储银，等. 不同烹饪处理对芹菜感官和营养品质的影响[J]. 中国食品学报，2012，12（2）：81-87.

[33] 阮婉贞. 胡萝卜的营养成分及保健功能[J]. 中国食物与营养，2007（6）：51-53.

[34] 陈瑞娟，毕金峰，陈芹芹，等. 胡萝卜的营养功能、加工及其综合利用研究现状[J]. 食品与发酵工业，2013，39（10）：201-206.

[35] 姑丽米热·艾则孜，帕提曼·阿布都热合曼，古丽波斯坦·多力昆. 几种葱属植物的营养成分比较分析[J]. 中国食物与营养，2016，22（9）：68-71.

[36] 潘立新，郑朝贵，张献广. 滁州野韭菜的开发利用[J]. 特种经济动植物，2001（4）：30.

[37] 江成英，郭宏文，张文学，等. 洋葱的营养成分及其保健功效研究进展[J]. 食品与机械，2014，30（5）：305-309.

[38] 李祥睿. 洋葱的营养保健功能与开发利用[J]. 中国食物与营养，2009（9）：55-57.

[39] 侯冬岩，回瑞华，李铁纯. 芦荟的研究进展[J]. 鞍山师范学院学报，2002（3）：54-59.

[40] 徐同成，王文亮，刘洁，等. 芦荟的营养价值及其在食品工业中的应用[J]. 中国食物与营养，2011，17（10）：38-40.

[41] 袁仲，刘新社. 芦笋的保健功能与加工利用[J]. 食品研究与开发，2008

(8)：158-161.

[42] 孙春艳，赵伯涛，郁志芳，等. 芦笋的化学成分及药理作用研究进展 [J]. 中国野生植物资源，2004（5）：1-5.

[43] 张福平，陈蔚辉，许秀彦，等. 菜豆的营养成分分析 [J]. 中国食物与营养，2006（2）：55.

[44] 李效尊，尹静静，杜绍印，等. 水生蔬菜营养及药用价值研究进展 [J]. 长江蔬菜，2015（22）：25-30.

[45] 姜雯. 烹饪热处理对茭白食用价值、功能性成分和营养品质的影响及营养茭白粉的初步研制 [D]. 扬州：扬州大学，2014.

[46] 鲍建民. 竹笋的营养与保健功能 [J]. 中国食物与营养，2006（4）：54-55.

[47] 刘明池. 竹笋的营养价值与食用方法 [J]. 蔬菜，2002（2）：40.

[48] 崔彦玲. 菠菜的营养价值与食用方法 [J]. 中国食物与营养，2003（2）：58.

[49] 陈蔚辉，罗婉芝. 不同烹饪方法对菠菜营养品质的影响 [J]. 食品科技，2011，36（12）：80-82.

[50] 许丽环，张福平. 蕹菜的营养成分分析及保健功能 [J]. 食品与药品，2005（2）：63-64.

[51] 赵秀玲. 苋菜的营养成分与保健功能 [J]. 食品工业科技，2010，31（8）：391-393.

[52] 玄永浩，金银哲，刘旭，等. 苋菜药理作用研究进展 [J]. 长江蔬菜，2010（22）：1-4.

[53] 梁孝莉. 木耳菜的营养价值与栽培技术 [J]. 中国林副特产，2010（4）：62-63.

[54] 李森. 木耳菜的营养与栽培技术 [J]. 现代农业，2014（5）：22.

[55] 韦金河，张晓青. 唇形科野菜的利用价值及种植技术 [J]. 江苏农业科学，2015，43（11）：210-213.

[56] 王薇. 荸荠的保健功能及加工利用 [J]. 食品与药品，2005（4）：45-48.

[57] 蔡健. 荸荠的营养保健和加工利用 [J]. 中国食物与营养，2005（2）：40-42.

［58］孔进喜，韩文芳，吕广英，等. 荸荠食品加工研究进展［J］. 保鲜与加工，2011，11（1）：43-46.

［59］梁锦丽. 菱角的营养保健功能及其产品开发进展［J］. 农产品加工（学刊），2009（11）：78-80+96.

［60］赵文亚. 菱角的营养保健功能及开发利用［J］. 农产品加工（学刊），2007（12）：43-44.

［61］张长贵，董加宝，王祯旭，等. 莲藕的营养保健功能及其开发利用［J］. 中国食物与营养，2006（1）：22-24.

［62］谢晋，韩迪，王靖，等. 中国莲藕产业发展现状及展望［J］. 农业展望，2017，13（12）：42-45+51.

［63］肖海秋，吕莉. 我国莲藕保健食品研究进展［J］. 中国食品添加剂，2006（5）：118-122+117.

［64］朱瑞欣，王璐，范志红. 蔬菜烹调的差异化综合营养评价［J］. 中国食品学报，2018，18（10）：252-257.